"十四五"职业教育国家规划教材

（中等职业学校公共基础课程教材）

Information Technology

信息技术

拓展模块

三维数字模型绘制＋数字媒体创意

武马群 葛睿 李森 主编

人民邮电出版社
北京

图书在版编目（CIP）数据

信息技术 ：拓展模块. 三维数字模型绘制+数字媒体创意 / 武马群，葛睿，李森主编. -- 北京 ：人民邮电出版社，2022.8（2023.7重印）
中等职业学校公共基础课程教材
ISBN 978-7-115-58550-9

Ⅰ．①信… Ⅱ．①武… ②葛… ③李… Ⅲ．①电子计算机－中等专业学校－教材 Ⅳ．①TP3

中国版本图书馆CIP数据核字(2022)第015654号

内 容 提 要

本书根据教育部颁布的《中等职业学校信息技术课程标准（2020 年版）》进行编写。本书基于 Windows 10 ＋画图 3D ＋ 3D Builder ＋ 会声会影 2020 ＋ VR 编辑管理系统，讲解信息技术的拓展知识，包括 2 个模块：模块一为三维数字模型绘制，主要讲解使用画图 3D 和 3D Builder 制作并打印三维数字模型的方法；模块二为数字媒体创意，主要讲解使用会声会影 2020 制作企业宣传短视频的方法，以及使用百度 VR 平台的 VR 编辑管理系统制作 VR 全景漫游的方法。

本书适合作为中等职业学校信息技术课程的教材，也可供职场中需要学习三维建模和数字媒体设计的人员参考。

◆ 主　编　武马群　葛　睿　李　森
责任编辑　初美呈
责任印制　王　郁　焦志炜

◆ 人民邮电出版社出版发行　　北京市丰台区成寿寺路 11 号
邮编　100164　电子邮件　315@ptpress.com.cn
网址　https://www.ptpress.com.cn
北京瑞禾彩色印刷有限公司印刷

◆ 开本：889×1194　1/16
印张：6.5　　　　　　　2022 年 8 月第 1 版
字数：131 千字　　　　2023 年 7 月北京第 2 次印刷

定价：16.40 元

读者服务热线：(010)81055256　印装质量热线：(010)81055316
反盗版热线：(010)81055315
广告经营许可证：京东市监广登字 20170147 号

出版说明

　　为贯彻党的二十大精神，落实《中华人民共和国职业教育法》规定，深化职业教育"三教"改革，全面提高技术技能型人才培养质量，按照《职业院校教材管理办法》《中等职业学校公共基础课程方案》和有关课程标准的要求，在国家教材委员会的统筹领导下，根据教育部职业教育与成人教育司安排，教育部职业教育发展中心组织有关出版单位完成对数学、英语、信息技术、体育与健康、艺术、物理、化学7门公共基础课程国家规划新教材修订工作，修订教材经专家委员会审核通过，统一标注"十四五"职业教育国家规划教材（中等职业学校公共基础课程教材）。

　　修订教材根据教育部发布的中等职业学校公共基础课程标准和国家新要求编写，全面落实立德树人根本任务，突显职业教育类型特征，遵循技术技能人才成长规律和学生身心发展规律，聚焦核心素养、注重德技并修，在教材结构、教材内容、教学方法、呈现形式、配套资源等方面进行了有益探索，旨在推动中等职业教育向就业和升学并重转变，打牢中等职业学校学生的科学文化基础，提升学生的综合素质和终身学习能力，提高技术技能人才培养质量，巩固中等职业教育在职业教育体系中的基础地位。

　　各地要指导区域内中等职业学校开齐开足开好公共基础课程，认真贯彻实施《职业院校教材管理办法》，确保选用本次审核通过的国家规划修订教材。如使用过程中发现问题请及时反馈给出版单位，以推动编写、出版单位精益求精，不断提高教材质量。

中等职业学校公共基础课程教材建设专家委员会

2023 年 6 月

前言

PREFACE

习近平总书记指出，数字技术正以新理念、新业态、新模式全面融入人类经济、政治、文化、社会、生态文明建设各领域和全过程，给人类生产生活带来广泛而深刻的影响。当前，我国社会正在加速向网络化、平台化、智能化方向发展，驱动云计算、大数据、人工智能、5G、区块链、工业互联网、量子计算等新一代信息技术迭代创新、群体突破，加快数字产业化步伐。党的二十大报告指出：教育、科技、人才是全面建设社会主义现代化国家的基础性、战略性支撑。必须坚持科技是第一生产力、人才是第一资源、创新是第一动力，深入实施科教兴国战略、人才强国战略、创新驱动发展战略，开辟发展新领域新赛道，不断塑造发展新动能新优势。在党的领导下，我们实现了第一个百年奋斗目标，全面建成了小康社会，正在向着第二个百年奋斗目标迈进。我国主动顺应信息革命时代浪潮，以信息化培育新动能，用数字新动能推动新发展，数字技术不断创造新的可能。生活在信息化、数字化时代的人们必须具有较好的信息素养，在学习、生活和生产中遇到问题时，能主动获取、分析、判断信息，用结构化思维分析问题，善用工具和信息资源制定行动方案，用积极的态度、负责的行动去解决问题。

中等职业学校信息技术课程是一门旨在帮助学生掌握信息技术基础知识与技能、增强信息意识、发展计算思维、提高数字化学习与创新能力、树立正确的信息社会价值观和责任感的必修公共基础课程。课程任务是全面贯彻党的教育方针，落实立德树人根本任务，满足国家信息化发展战略对人才培养的要求，围绕中等职业学校信息技术学科核心素养，吸纳相关领域的前沿成果，引导学生通过信息技术知识与技能的学习和应用实践，增强信息意识，掌握信息化环境中生产、生活与学习技能，提高参与信息社会的责任感与行为能力，为就业和未来发展奠定基础，成为德智体美劳全面发展的高素质劳动者和技术技能人才。通过信息技术课程的学习，学生能够成为具备信息素养的高素质技术技能人才，适应未来信息化社会的生活和职业发展的需要。

本套教材依据《中等职业学校信息技术课程标准（2020 年版）》要求编写，适合中等职业学校信息技术课程教学使用。本套教材由基础模块和拓展模块两部分构成。拓展模块分为 5 册，根据不同专业的需要，可以将不同拓展模块分册进行自由组合，或与信息技术基础模块教材进行组合教学，从而打造出符合不同地域、学校、专业特色的信息技术课程教材，具体教学内容和推荐授课学时安排如下：

分册	教学内容	建议学时	分册学时
一	计算机与移动终端维护	14	36
	小型网络系统搭建	14	
	信息安全保护	8	
二	实用图册制作	18	54
	数据报表编制	18	
	演示文稿制作	18	
三	三维数字模型绘制	18	36
	数字媒体创意	18	
四	个人网店开设	16	16
五	机器人操作	8	8

前言
PREFACE

本套书落实立德树人根本任务，引导学生了解国家信息化发展成果，树立社会责任感，弘扬工匠精神，培养学生的信息素养。本套书每一个模块都以"情境描述—技能目标—环境要求—任务实践"开始，引导学生学习；然后以"任务讲解＋实操训练"的方式介绍每一个任务的具体操作；最后再以"课后思考"和"拓展训练"做巩固练习，从而适应任务驱动的"教学做一体化"课堂教学组织要求。本套书具体教学与学习方法如图所示。

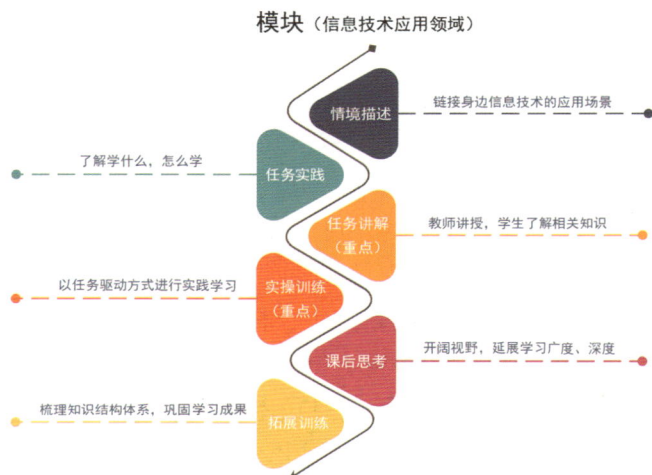

本书在讲解过程中穿插有"提示""小组交流""课堂笔记"等小栏目，增强学生之间的交流，加深对知识的记忆，提高自主学习能力。此外，本书提供素材、教学案例、习题答案、模拟试卷等丰富的教学资源，有需要的读者可自行通过人邮教育社区（http://www.ryjiaoyu.com）网站免费下载，并根据自身情况适当延伸教材内容，以开阔视野、强化职业技能。读者登录人邮学院网站（www.rymooc.com），即可在线观看全书慕课视频。

本套书编写团队包括计算机学科领域的教育专家、行业专家，教学经验丰富的一线教育工作者和青年骨干教师，具体编写分工如下：武马群编写了分册二并对全部拓展模块的图书进行了统稿，葛睿编写了分册三、四、五，李森编写了分册一，钟毅、李强、赵玲玲对教学素材和案例进行了审核和整理，侯方奎、李小华、赵丽英进行了课程思政元素设计，陈统为案例和新技术、行业规范提供了素材和相关资料。

由于编者水平有限，本书不足之处，敬请读者指正。（联系人：初美呈，电话：010-81055238，邮箱：chumeicheng@ptpress.com.cn）

编　者
2023 年 3 月

目 录
CONTENTS

模块一
三维数字模型绘制

01

情境描述

　　绿色发展是顺应自然、促进人与自然和谐共生的发展，是用最少资源环境代价取得最大经济社会效益的发展，是高质量、可持续的发展。提高节能效率，减少能源浪费，是绿色发展的重要途径，也是应对全球能源危机的有效方法。对于传统模型制作来说，生产线上的各种设备会消耗大量的资源，材料得不到充分的利用，各种边角料往往会被丢弃浪费。现在，使用计算机进行三维数字模型的绘制和打印，不仅不用剔除边角料，而且能提高材料的利用率，也可以减少能源消耗。同时，三维数字模型的绘制和打印也能做到较高的精度和复杂程度，可以制造出采用传统方法无法完成的各种部件。

　　在此背景下，某学校将举办三维数字模型设计与制作比赛，同学们将利用 Windows 10 操作系统自带的软件完成简单模型的绘制与打印。在比赛过程中，不仅可以让大家掌握三维数字模型的绘制与打印方法，还能让大家明白使用计算机进行模型设计和打印的优点，进而让大家能够主动培养节能环保的思想。

技能目标

◎ 能够根据业务需要设计简单的三维数字模型。
◎ 能够根据业务要求完成三维数字模型的绘制，并融入必要的自主创意。
◎ 能够对三维数字模型或实体模型进行编辑和修改。
◎ 能够选用合适的材料打印三维数字模型。

环境要求

◎ 硬件：台式机（包括计算机主机、鼠标、键盘、显示器等）或笔记本电脑。
◎ 软件：Windows 10 操作系统。

任务实践

模块名称：三维数字模型绘制				所需学时：　18　学时	

任务列表		难度			计划学时
		低	中	高	
任务 1	三维数字模型绘制工具	√			2
任务 2	绘制民宿模型			√	6
任务 3	为三维数字模型添加贴纸			√	6
任务 4	三维数字模型的打印			√	4

任务准备与案例效果

知识准备	1. 了解绘制三维数字模型的常用工具 2. 熟悉画图 3D 的操作界面和基本功能 3. 熟悉 3D Builder 的操作界面和基本功能 4. 掌握简单的三维数字模型的创建与编辑方法 5. 掌握贴纸的使用方法 6. 熟悉三维数字模型的打印材料、方法和流程
案例效果	

任务 **1** 三维数字模型绘制工具

实施国家文化数字化战略，是促进文化事业和文化产业繁荣的重要途径。三维数字模型作为一种数字化手段，广泛应用于建筑、室内设计、游戏、制图、电影、电视、动画等领域，并且与之相关的三维数字模型绘制工具也越来越多。本任务将首先介绍这些相关工具，然后重点对画图 3D 软件的操作界面和基本功能进行讲解。

1. 常见的三维数字模型绘制工具

随着计算机处理能力的不断增强以及各种新兴技术的出现，目前的三维数字模型绘制工具几乎都具备全面且强大的功能。我们可以根据不同的领域和设计需求进行选择。表 1-1 汇总了常见的三维数字模型绘制工具。

表1-1　　　　　　　　　　常见的三维数字模型绘制工具

工具	特点	擅长领域
3ds Max	3ds Max 是目前主流的三维数字模型绘制工具之一，它有大量的用户基础，便于用户分享、学习和交流。3ds Max 自带渲染器，能够兼容大量的第三方插件。其中，3ds Max+V-Ray 渲染器的组合常被认为是极佳的建模和渲染组合之一	建筑、室内设计、游戏等
AutoCAD	AutoCAD 有良好的用户界面，可以通过交互式菜单或命令执行方式进行二维制图和基本三维设计等各种操作。AutoCAD 具有完善的图形绘制功能和强大的图形编辑功能，可以采用多种方式进行二次开发或用户定制，可以进行多种图形格式的转换，具有较强的数据交换能力。同时 AutoCAD 还支持多种硬件设备和多种操作平台，因此它在全球被广泛使用	土木工程、装饰装潢、工业制图、工程制图、电子工业、服装加工等
Maya	Maya 是 Autodesk 公司旗下的三维动画软件，它可以提高电影、电视、游戏等领域的开发、设计和创作效率，适合流水线式的团队合作项目开发。Maya 的操作界面比 3ds Max 更人性化，其 CG（Computer Graphics，计算机图学）功能非常全面，包括建模、粒子系统、头发生成、植物创建、服装模拟等。如果用户具备编程基础，则可以让 Maya 发挥出更大的"威力"，为大项目的动画制作服务	电影、电视、动画制作等
C4D	C4D 是德国 Maxon Computer 公司出品的 Cinema 4D 的简称，是一套整合 3D 模型、动画与算图的高级三维绘图软件，以高速图形计算著名，并拥有功能强大的渲染器和粒子系统。C4D 包含多种现代 3D 艺术家所需要的强大、易用的建模工具以及大量模型和基本元素，具备强大的内置基本变形参数，使建模和模型编辑更加简单。C4D 界面非常简洁，用户上手比较容易。另外，C4D 与 AE（Adobe 公司开发的一款特效制作软件）可以很好地搭配使用，制作出包含精美特效的作品	电影、电视、自媒体片头、片尾等

续表

工具	特点	擅长领域
画图 3D	画图 3D 是 Windows 10 操作系统自带的一款工具，可以用来绘制简单的三维数字模型，其特点在于用户可以快速上手，操作简单、易用，且内置了大量的三维数字模型，可以直接使用。同时该工具还可以与 Windows 10 操作系统自带的 3D Builder 结合使用，完成三维数字模型的快速创建和打印等操作	简单三维数字模型的绘制
3D One	3D One 是一款专为中小学教育开发的三维数字模型制作、设计软件，它具备简单易用的程序环境，支持专业级的涂鸦式平面草图绘制，可进行丰富、实用的 3D 实体设计，并提供多种多样的显示控制。用户还能通过软件中的社区网站，下载 3D 打印模型等资源	中小学教育

2. 认识画图 3D 的操作界面

单击桌面左下角的"开始"按钮■，在弹出的"开始"菜单中选择"H"栏下的"画图 3D"命令便可启动画图 3D 软件。图 1-1 所示为该软件的操作界面。

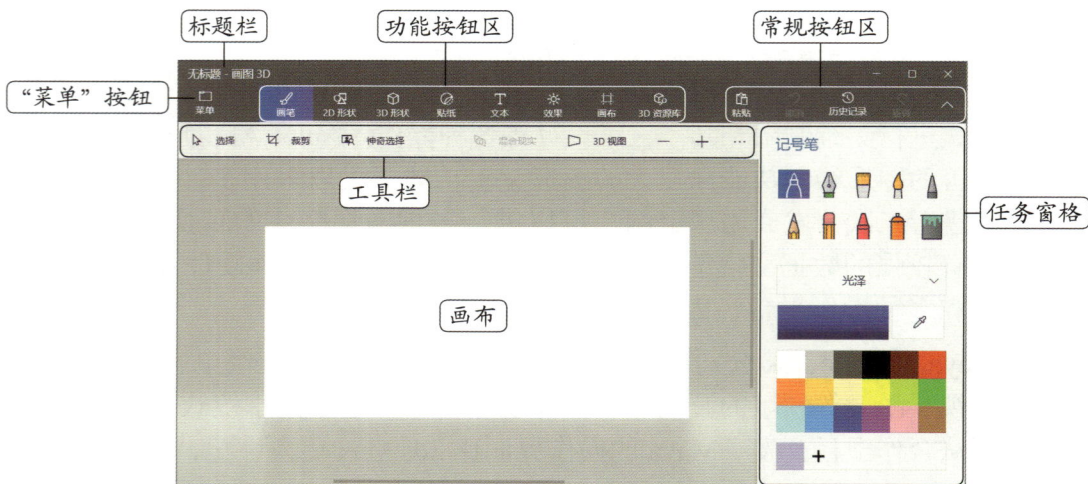

图 1-1　画图 3D 的操作界面

- 标题栏：显示当前所编辑文件的名称。
- "菜单"按钮：单击该按钮，可新建、打开、保存、另存为或打印文件等，也可在当前文件中插入各种类型的图片。
- 功能按钮区：单击功能按钮区中的按钮可以切换到对应的任务窗格，实现相应的操作。如单击"3D 形状"按钮⬚，便可在任务窗格中完成 3D 对象和 3D 模型的绘制。
- 常规按钮区：该区域的按钮不会随选择的功能按钮的变化而变化，主要用于粘贴、复制的对象，撤销最近的操作，控制操作的历史记录进度，以及重做等。
- 工具栏：该栏中的各种按钮也是固定不变的，主要用于选择对象、裁剪画布和删除图像背景等操作。

- 任务窗格：显示对应功能按钮的各种参数，使用这些参数可完成三维数字模型的绘制等操作。
- 画布：三维数字模型所在的场景。

3. 画图 3D 的基本功能

画图 3D 虽然简单、小巧，但也具备各种基础的功能，下面逐一介绍。

- 神奇选择：利用该功能可以快速删除图像中的背景。其使用方法为，单击"菜单"按钮 ■，选择"插入"命令，在打开的对话框中插入一张图，单击"神奇选择"按钮 🔲 神奇选择，此时可以调整剪切区域；然后在任务窗格中单击"下一步"按钮 下一步，并在显示的界面中利用"删除"按钮 ▐ 在画布中按住鼠标左键并拖曳鼠标指针标记要删除的背景区域，或利用"添加"按钮 ▲ 在画布中按住鼠标左键并拖曳鼠标指针标记要保留的区域；最后单击"已完成"按钮 已完成 完成图像背景的删除，如图 1-2 所示。

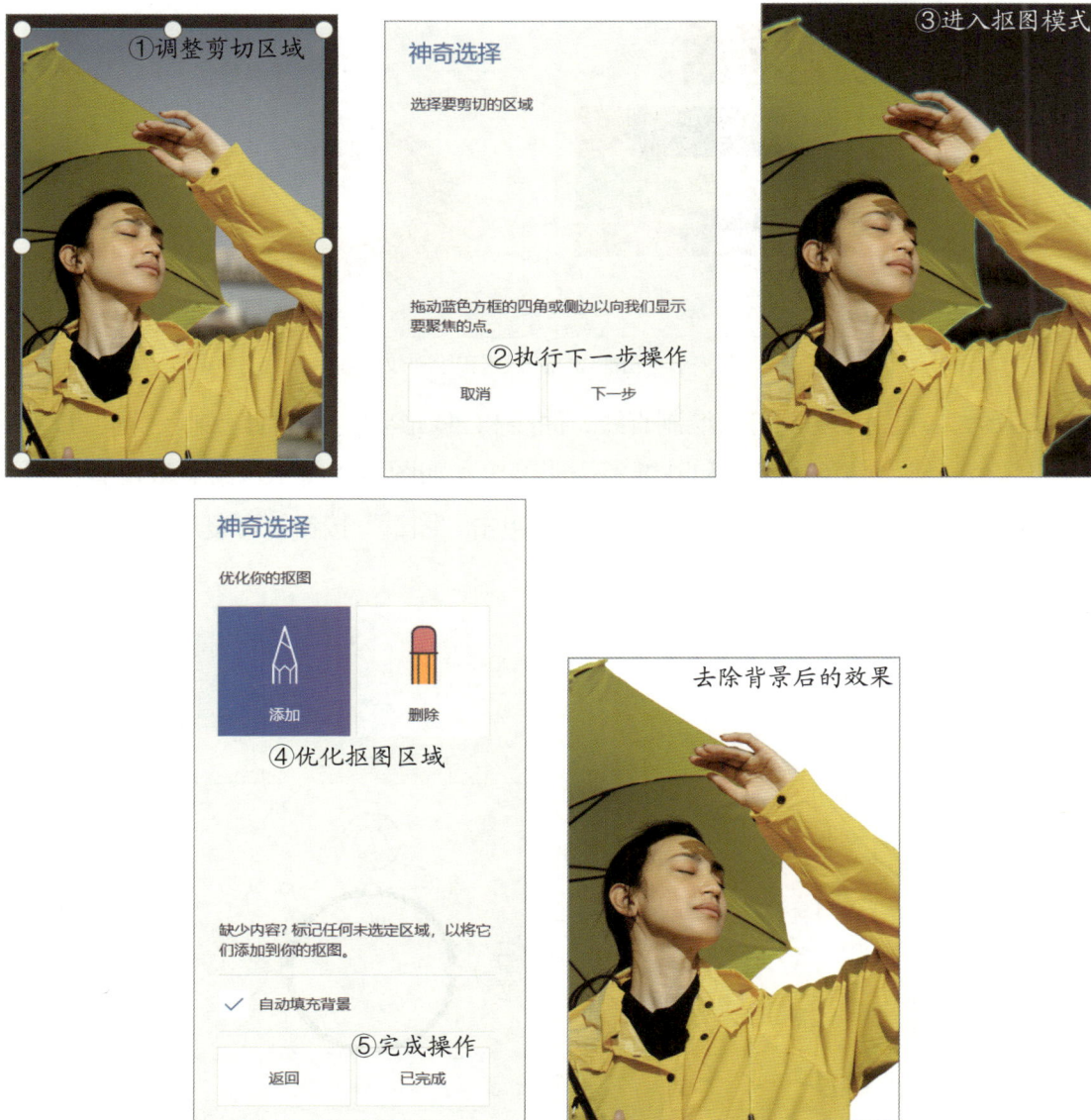

图 1-2　神奇选择功能的操作过程

> **提示**　单击"历史记录"按钮🕒，在弹出的工具栏中拖曳历史记录滑块，可以控制历史操作进度，从而快速返回指定的操作环境中。

- 画笔：该功能允许用户选择各种画笔样式、调整画笔粗细和不透明度，以及选择画笔颜色等。设置完成后，在画布中按住鼠标左键并拖曳鼠标指针便能绘制图形，如图 1-3 所示。

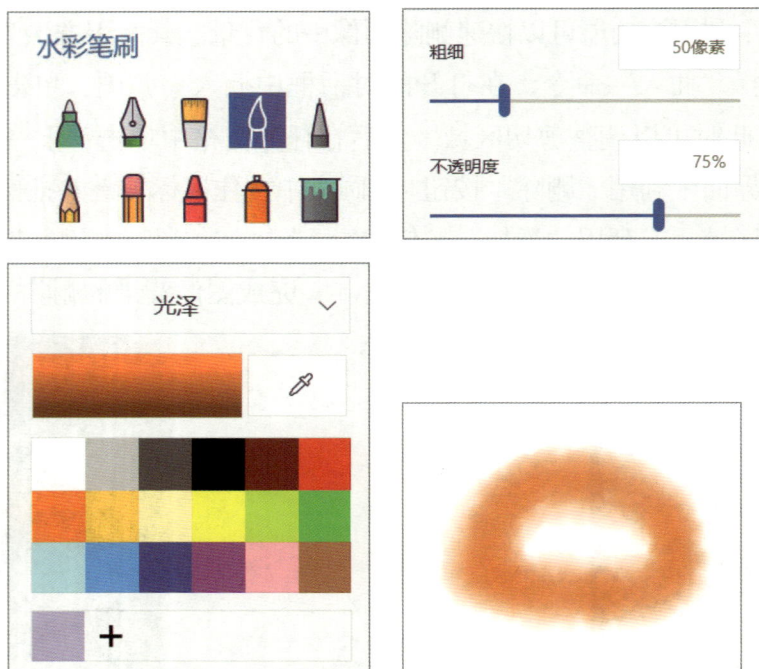

图 1-3　画笔功能的设置和绘制效果

- 2D 形状：利用该功能可以绘制直线、曲线和 2D 形状，并可在绘制后设置 2D 形状的填充颜色、线型颜色、粗细和贴纸不透明度等，如图 1- 4 所示。绘制或设置 2D 形状后，拖曳其上的"旋转"按钮⊙可旋转形状；单击"图章"按钮⊡可复制形状；单击"提交"按钮可应用设置。

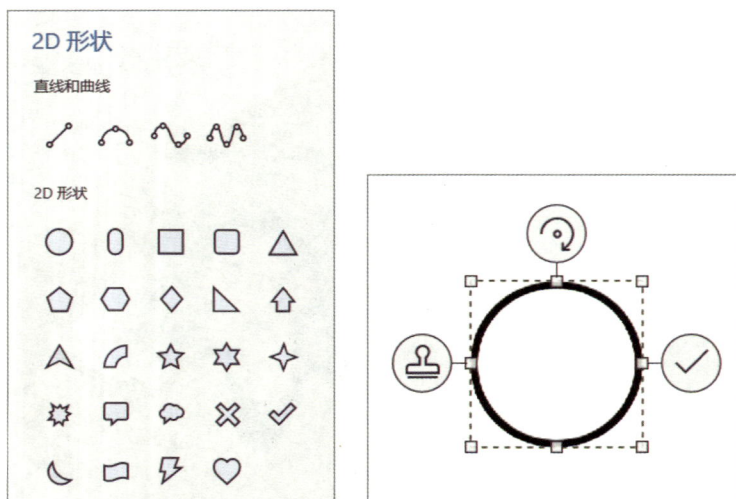

图 1-4　2D 形状功能的设置和绘制效果

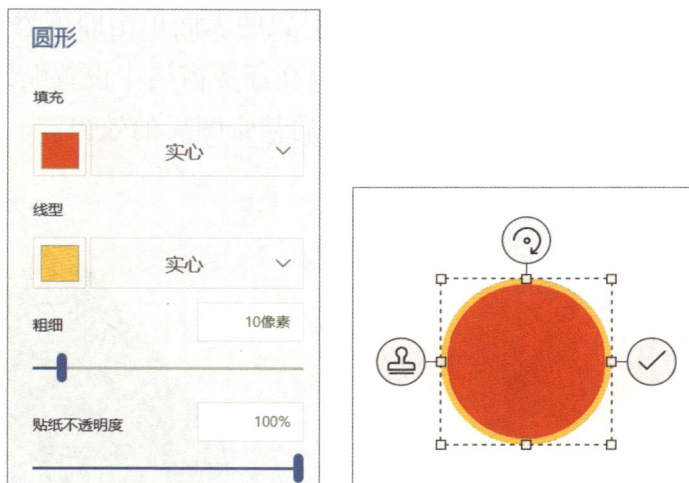

图1-4 2D形状功能的设置和绘制效果（续）

> **提示**　在未提交绘制的2D形状前，若单击任务窗格中的"制作3D对象"按钮⬡，可将2D形状转换为3D形状。虽然看上去仍是平面图形，但转换后的3D形状可以沿x轴、y轴、z轴等3个方向旋转，并可沿z轴方向前后滑动，完全具备3D形状的特性。

- 3D形状：利用该功能可以进行3D涂鸦，也可以绘制各种3D对象和3D模型，并可对所绘制3D对象进行选择、编辑、组合等操作，如图1-5所示。具体应用将在后面详细介绍。

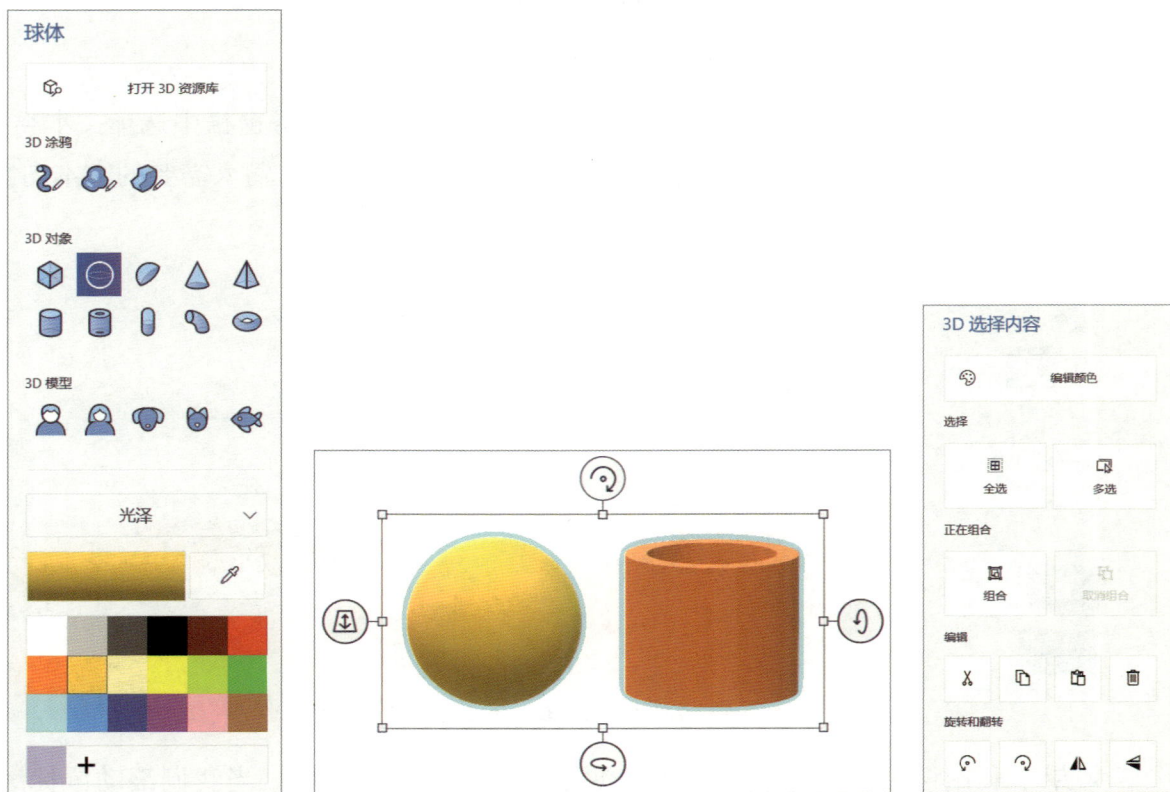

图1-5 3D形状功能的设置和绘制效果

- 贴纸：利用该功能可以在3D对象的表面添加贴纸、纹理或计算机上的某张图。使用方法为，选择某种贴纸样式，在 3D 对象的表面单击即可添加贴纸效果，然后拖曳贴纸区域调整贴纸大小和位置,并可以在任务窗格中设置贴纸的不透明度。图1-6 所示分别为添加贴纸、纹理和计算机上的某张图后的效果。

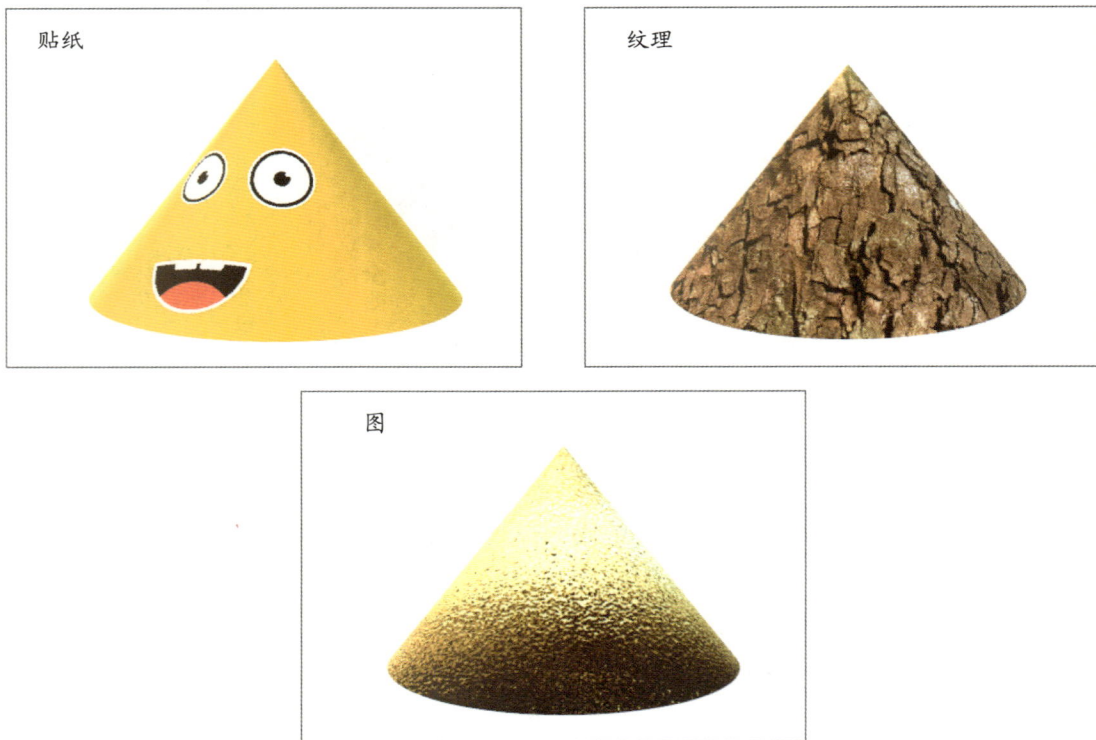

图1-6　各种贴纸效果

- 文本：利用该功能可以绘制 2D 文本或 3D 文本。首先在任务窗格中选择文本类型，设置文本格式，如字体、字号、颜色等;然后在画布上单击，输入需要的文本内容;最后适当进行调整，如图 1-7 所示。

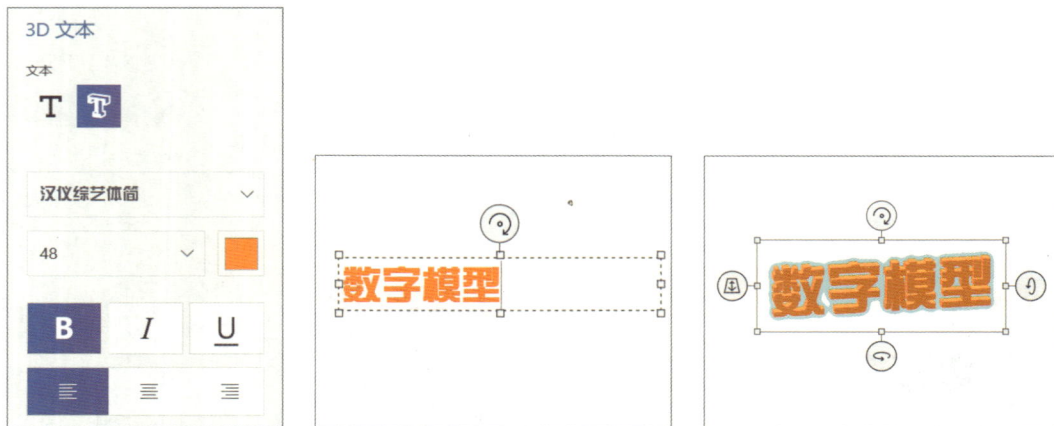

图1-7　输入并调整 3D 文本

- 效果：利用该功能可以设置场景的滤镜颜色和画布的亮度。当我们滚动鼠标滚轮缩小画布后，可以看到画布外的部分场景，"效果"功能中的"滤镜"参数可以对其进行设置，设置"亮度盘"参数可以调整画布亮度，如图 1-8 所示。

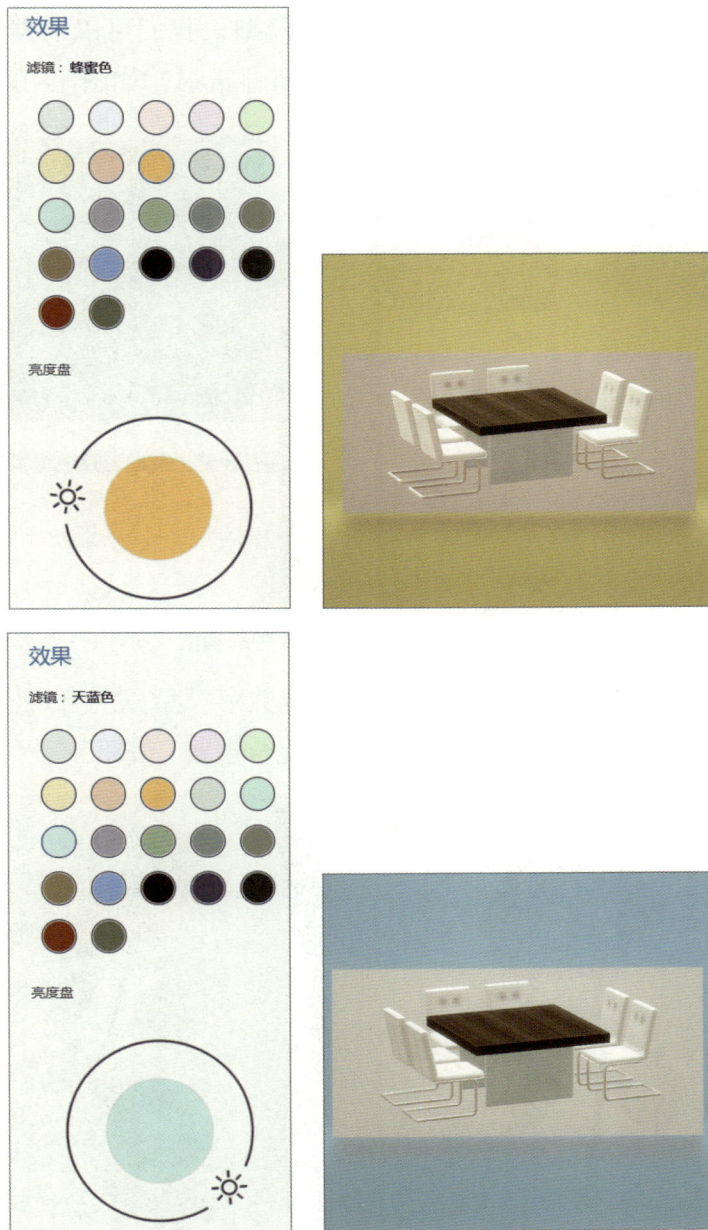

图 1-8 不同场景的滤镜颜色和画布亮度

- 画布：利用该功能可以对画布的属性进行设置，如是否显示画布、是否将画布设置为透明状态、调整画布大小、锁定画布纵横比、是否通过画布调整图像大小、设置画布大小的单位等，还可以对画布进行旋转和翻转等操作，如图 1-9 所示。

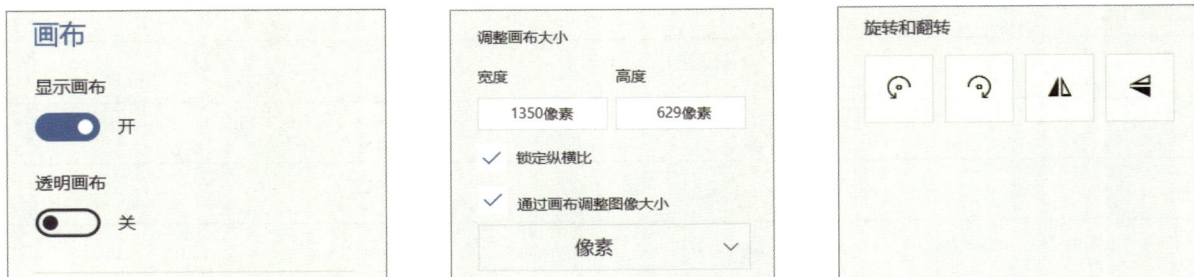

图 1-9 画布的设置参数

● 3D 资源库：该功能集成大量的三维数字模型，我们可以根据需要找到合适的模型，然后单击对应的缩略图就可以将其添加到画布中，如图 1-10 所示。

图 1-10　3D 资源库中的模型

● 混合现实：利用该功能可以将绘制的三维数字模型以混合现实的方式显示在实时视频画面中，应用时只需单击工具栏上的"混合现实"按钮 混合现实 即可，如图 1-11 所示。

图 1-11　混合现实效果

课堂笔记

任务 2 绘制民宿模型

本任务将充分利用画图 3D 的功能来完成一个简单的民宿模型的绘制，其中主要涉及 3D 形状的绘制与编辑、3D 文本的输入与编辑、3D 资源库的使用等。

1. 新建并设置画布

下面首先启动画图 3D 软件，然后新建项目并设置画布尺寸，最后保存项目，便于以后随时进行编辑和修改。具体操作如下。

步骤 1　新建项目。利用"开始"按钮■启动画图 3D 软件，在显示的欢迎屏幕中单击"新建"按钮，如图 1-12 所示。

微课视频

新建并设置画布

步骤 2　设置画布。单击功能按钮区中的"画布"按钮，在任务窗格中撤销选中"锁定纵横比"复选框，然后在"宽度"和"高度"文本框中分别输入"1920 像素"和"1080 像素"，如图 1-13 所示。

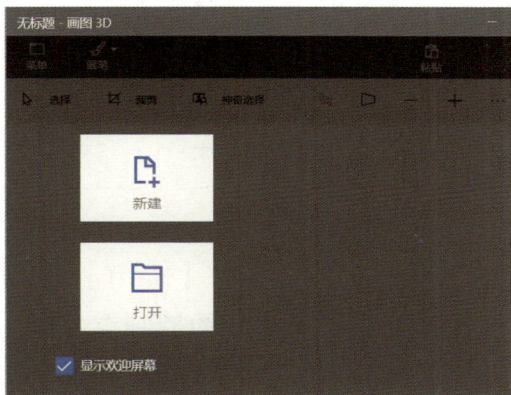

图 1-12　新建画图 3D 项目

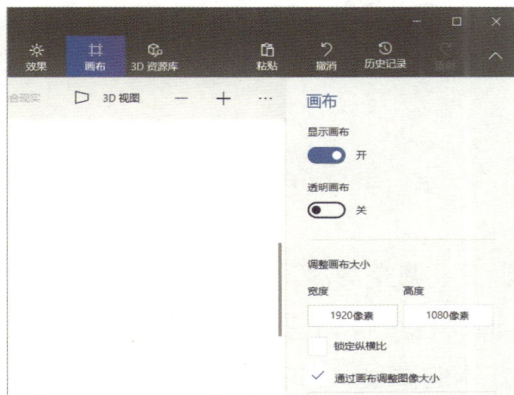

图 1-13　设置画布大小

步骤 3　保存项目。单击"菜单"按钮，在显示的界面中选择"另存为"选项，并单击"画图 3D 项目"按钮，如图 1-14 所示。

步骤 4　设置项目名称。打开"为项目命名"对话框，在其中的文本框中输入"民宿模型"，单击"保存在画图 3D 中"按钮 保存在画图 3D 中 ，如图 1-15 所示。

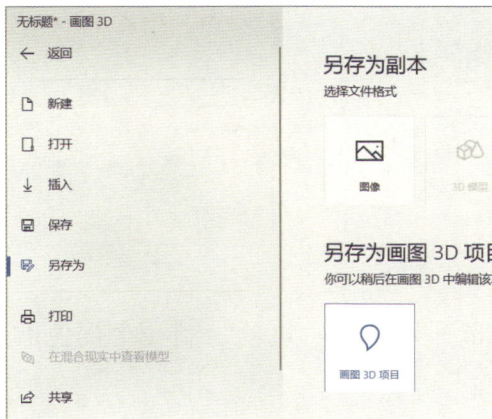

图 1-14　保存画图 3D 项目

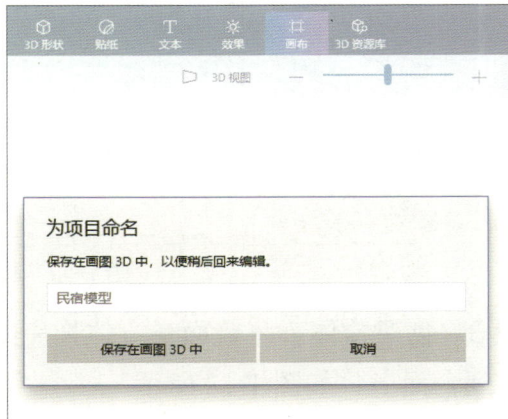

图 1-15　设置项目名称

2．绘制台面和楼体

新建并保存画图 3D 项目后，下面开始正式进行三维数字模型的绘制工作。我们将利用长方体创建模型的台面和楼体。具体操作如下。

步骤 1　创建台面。单击"3D 形状"按钮📦，单击"立方体"按钮📦，在"选择材料"下拉列表框中选择"无光面"选项，在颜色框中选择"浅黄色"选项，然后在画布中按住鼠标左键并拖曳鼠标指针绘制长方体，如图 1-16 所示。

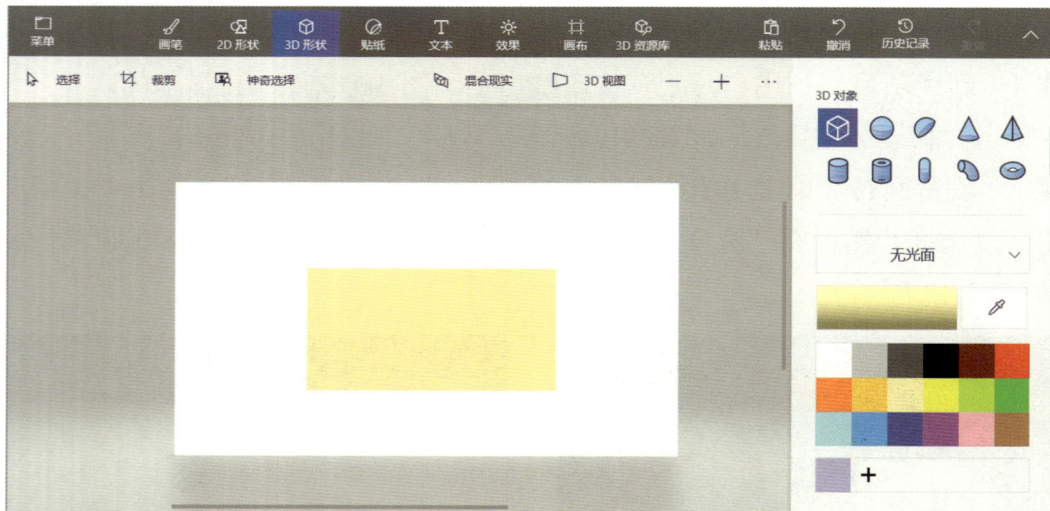

微课视频

绘制台面和楼体

图 1-16　绘制台面

步骤 2　调整高度。释放鼠标后长方体处于选中状态，此时按住【Shift】键并同时拖曳"X- 轴旋转"按钮⟳，将其旋转"-90°"，然后单击下边框中间的控制点并向上拖曳，减小长方体的高度，如图 1-17 所示。

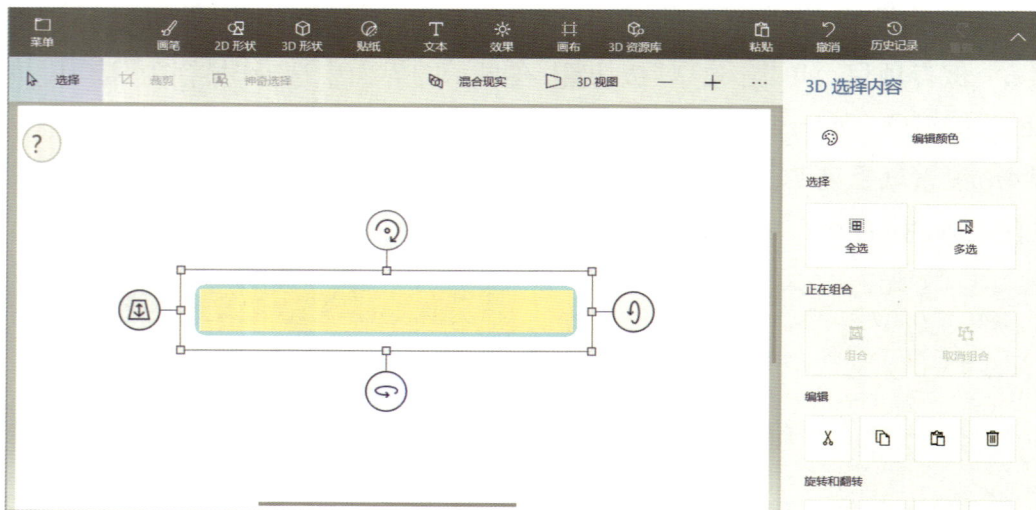

图 1-17　减小长方体高度

步骤 3　创建楼体。将台面长方体拖曳到画布下方，然后重新绘制一个褐色的长方体，将其放置到台面上，如图 1-18 所示。

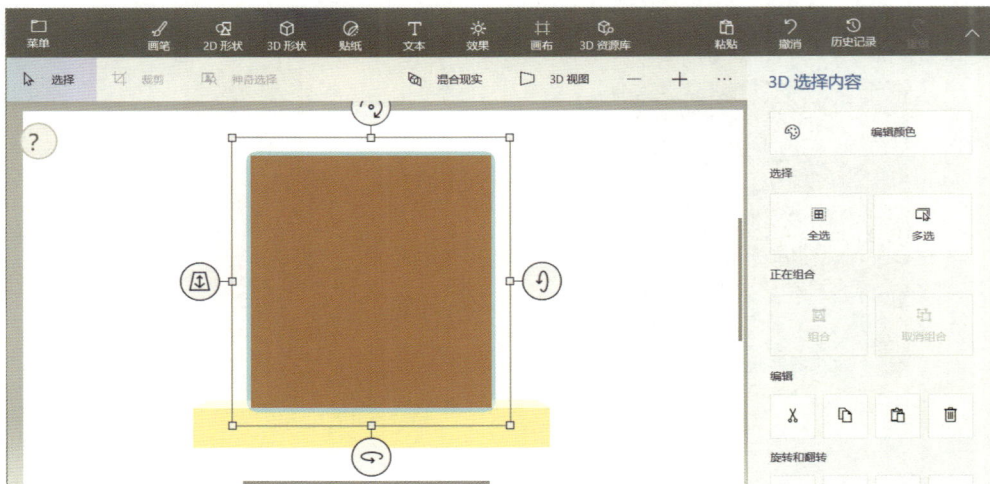

图 1-18 绘制楼体

步骤 4 设置楼体大小和位置。按住【Shift】键的同时选择两个长方体，拖曳下方的"Y- 轴旋转"按钮⊙将模型旋转"90°"，然后单独选择楼体模型，调整其厚度和位置，接着同时选择两个长方体，并沿 y 轴旋转"180°"，通过旋转观察模型背面和右侧的位置关系，如图 1-19 所示。

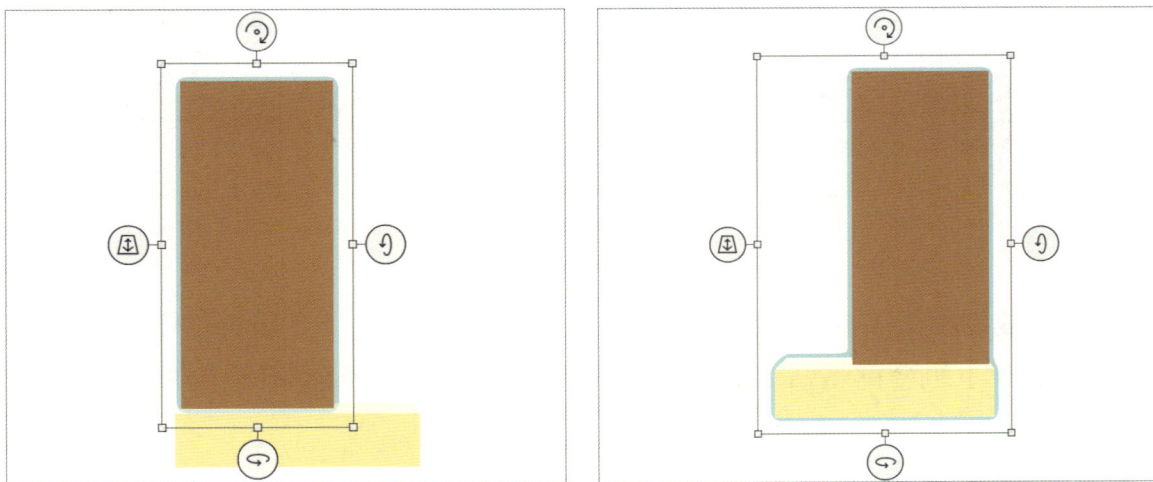

图 1-19 调整楼体

> 提示
> 在调整模型的大小和位置时，可以通过滚动鼠标滚轮来放大或缩小画布的显示比例，使调整细节时变得更加轻松和准确。

3. 绘制门窗和框架

下面在楼体下半部分绘制一楼的门窗和框架等对象。具体操作如下。

步骤 1 创建玻璃。在画布中绘制一个水绿色的长方体，将其放置在台面上，可以嵌入楼体中，但需要露出薄薄的一小部分，作为模型的玻璃，如图 1-20 所示。

微课视频

绘制门窗和框架

图 1-20　绘制玻璃

步骤 2　创建框架。 在画布中绘制一个浅灰色的长方体，将其放置在玻璃模型的左侧，大小和位置如图 1-21 所示。

图 1-21　绘制框架

步骤 3　复制框架 1。 选择调整好的框架模型，按【Ctrl+C】组合键将其复制，然后按 4 次【Ctrl+V】组合键粘贴出 4 个相同的模型，并将其调整到合适的位置，如图 1-22 所示。

图 1-22　复制并调整框架 1

步骤 4　复制框架 2。再次复制左侧的框架模型，将其粘贴后利用"Z- 轴旋转"按钮 ⊚旋转"90°"，适当增加模型的高度和宽度，如图 1-23 所示。

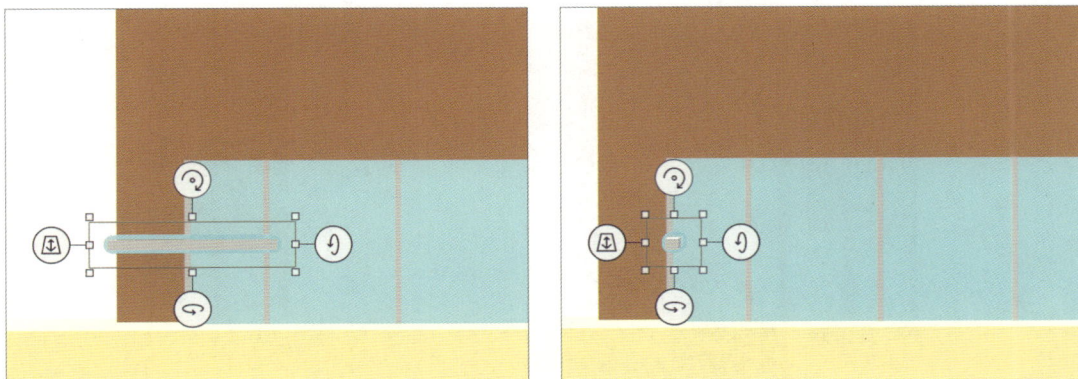

图 1-23　复制并调整框架 2

步骤 5　调整框架。调整框架长度，将其移至图 1-24 所示的位置，作为这扇窗户的上边框。

图 1-24　调整框架

步骤 6　复制框架 3。将调整好的框架复制一份，并移至右侧的窗户上方，然后按住【Shift】键的同时选择这两个框架，复制一份，将其移至窗户下方，并适当增加高度，如图 1-25 所示。

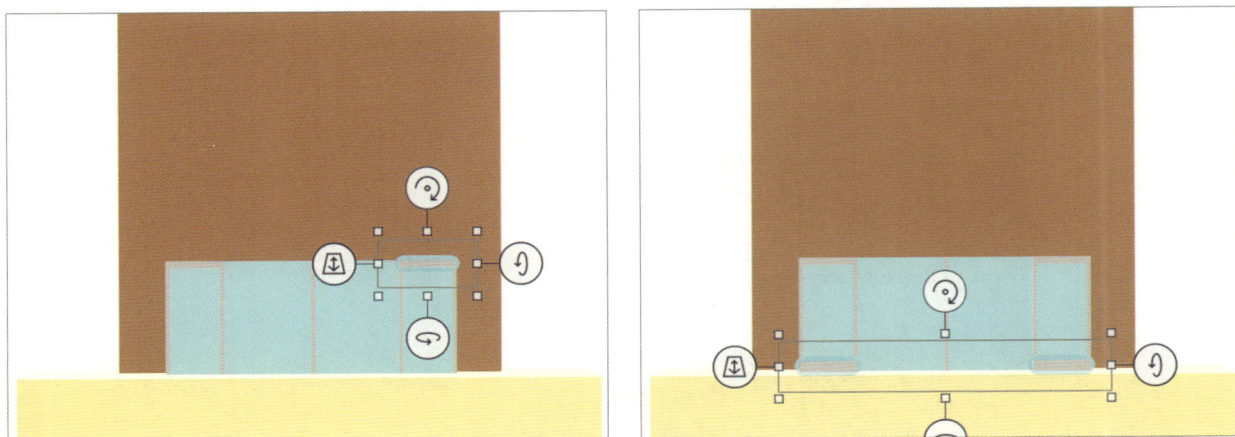

图 1-25　复制并调整框架 3

步骤 7　绘制窗户。 按照相同的方法，结合复制、旋转等操作在楼体左右两侧各绘制两扇窗户和对应的框架，如图 1-26 所示。

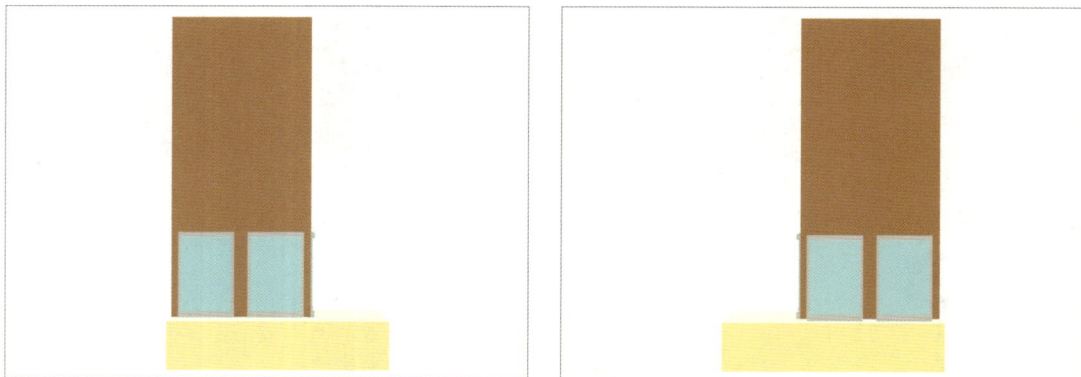

图 1-26　绘制窗户和框架

4. 绘制隔断和招牌

下面将综合利用3D形状和3D文本绘制民宿模型中的隔断和招牌等对象。具体操作如下。

微课视频

绘制隔断和招牌

步骤 1　创建隔断 1。 绘制一个浅黄色的长方体，调整其长、宽、高和位置，效果如图 1-27 所示。

图 1-27　绘制并编辑隔断 1

步骤 2　创建隔断 2。 在浅黄色隔断上方继续绘制一个浅灰色的长方体隔断，调整其长、宽、高和位置，效果如图 1-28 所示。

图 1-28　绘制并编辑隔断 2

步骤3 创建隔断3。在浅灰色隔断上方再次绘制一个浅黄色的长方体隔断,调整其长、宽、高和位置,也可通过复制浅黄色隔断并调整其大小和位置的方式来绘制隔断3,效果如图1-29所示。

图1-29 绘制并编辑隔断3

步骤4 创建招牌。绘制一个深红色长方体作为民宿模型的招牌,调整其长、宽、高和位置,效果如图1-30所示。

图1-30 绘制并编辑招牌

步骤5 输入文本。在功能按钮区中单击"文本"按钮 T,在任务窗格中单击"3D文本"按钮,在"选择字体"下拉列表框中选择字体样式,这里选择"汉仪菱心体简"选项,在"更改字号"下拉列表框中选择"48"选项,单击"选择颜色"色块,在弹出的下拉列表中选择"白色"选项,然后单击"将文字居中对齐"按钮,最后在画布中单击,输入需要的文本内容,如图1-31所示。

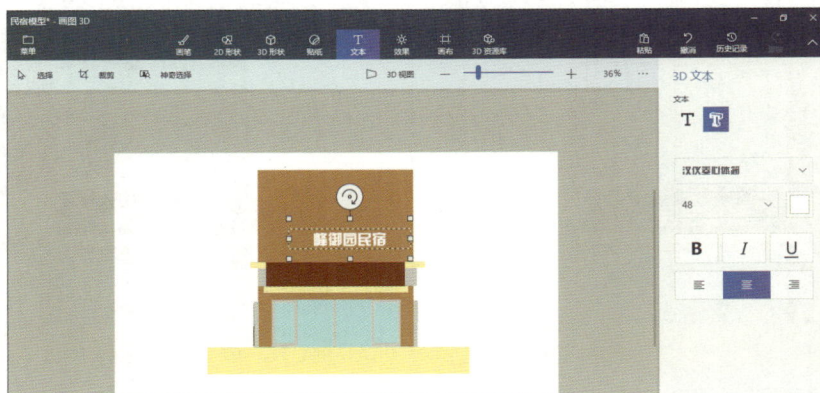

图1-31 设置并输入3D文本

步骤6 调整文本。单击文本输入框以外的区域确认 3D 文本的输入，然后将其移至招牌模型处，调整其位置，如图 1-32 所示。

图 1-32 调整 3D 文本

5．绘制二楼模型

下面继续为民宿模型绘制二楼的各种对象，包括窗户、框架、装饰墙、阳台等。具体操作如下。

微课视频

绘制二楼模型

步骤1 创建玻璃。在招牌上方绘制一个水绿色的长方体，调整其长、宽、高和位置，如图 1-33 所示。

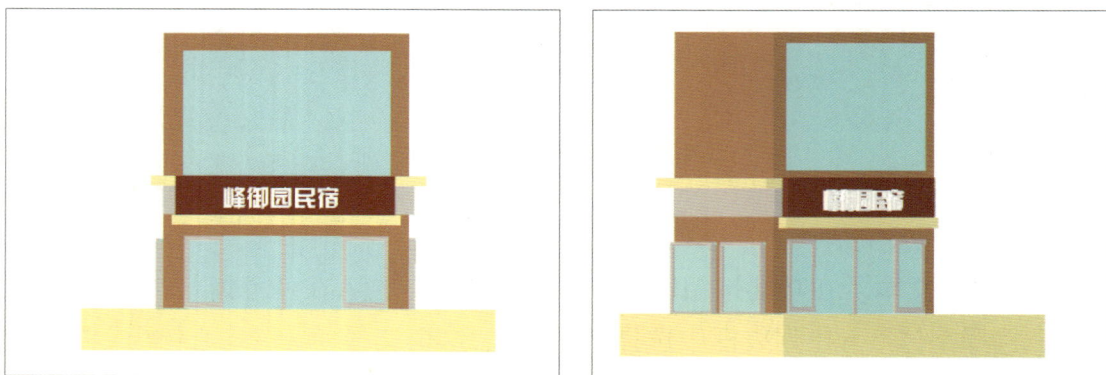

图 1-33 制作玻璃模型

步骤2 创建框架。在玻璃两侧各绘制一个白色的框架模型，调整它们的长、宽、高和位置。其中，左侧模型在 z 轴上的长度要大于右侧模型的长度，如图 1-34 所示。

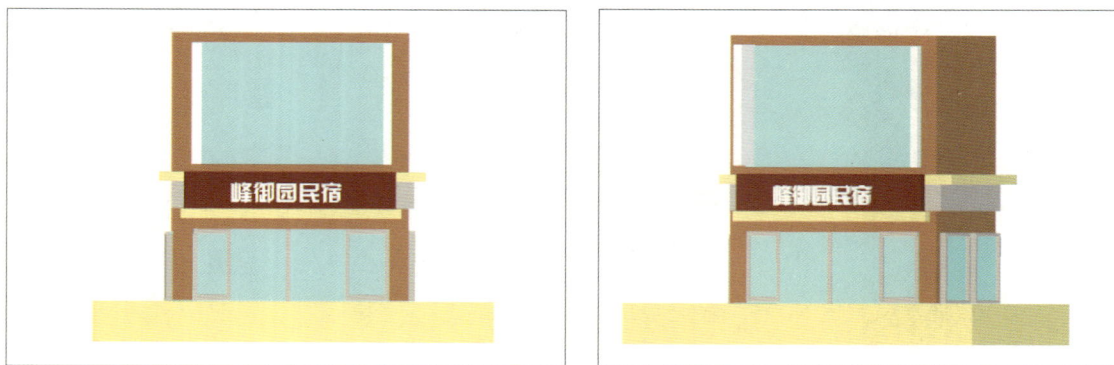

图 1-34 制作框架模型

步骤 3　创建装饰墙 1。在玻璃上绘制两个大小不同的深红色长方体，作为墙体的装饰墙，调整它们的长、宽、高和位置，如图 1-35 所示。

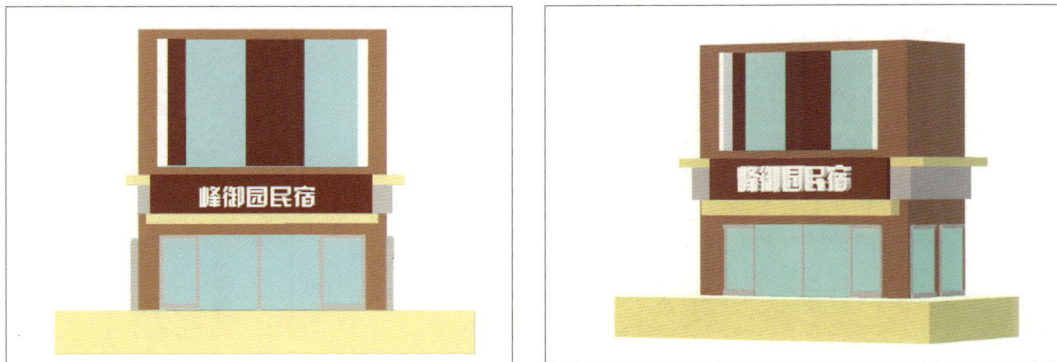

图 1-35　制作装饰墙模型 1

步骤 4　创建装饰墙 2。在深红色装饰墙上方分别创建两个宽度略小、颜色略浅一些的装饰墙模型，调整它们的长、宽、高和位置，如图 1-36 所示。

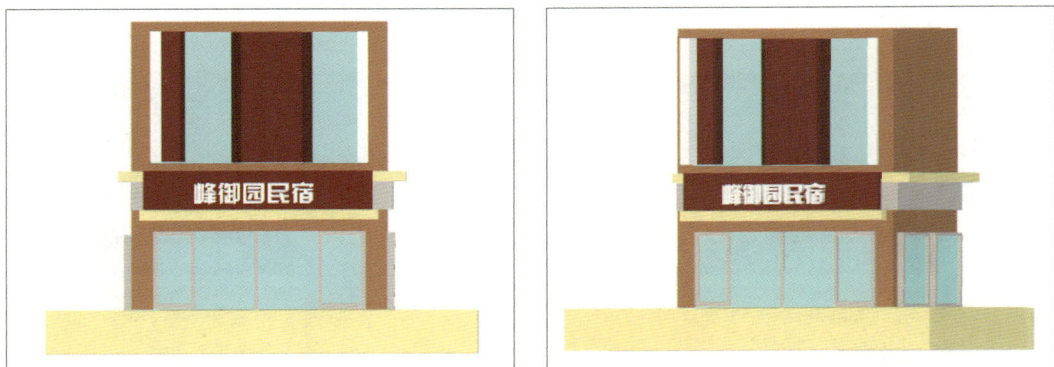

图 1-36　制作装饰墙模型 2

> 🎧 **提示**
>
> 创建 3D 形状时，单击任务窗格中的"编辑颜色"按钮，在打开的下拉列表中单击"取色器"按钮 ✎ 左侧的色块，便可在打开的对话框中自定义颜色。

步骤 5　创建阳台台面。在窗户下方创建一个白色的阳台台面模型，调整其长、宽、高和位置，如图 1-37 所示。

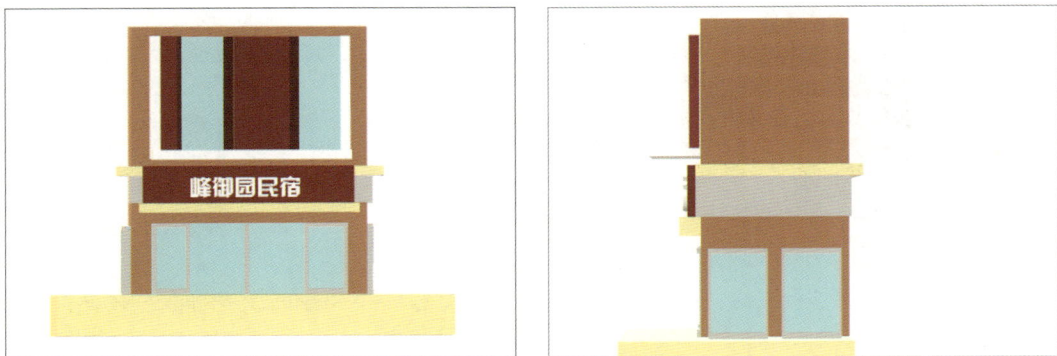

图 1-37　制作阳台台面模型

步骤6　创建阳台扶手。在阳台台面上方创建白色的扶手模型，调整其长、宽、高和位置，如图 1-38 所示。

图 1-38　制作阳台扶手模型

步骤7　创建阳台其他扶手。继续创建阳台的其他扶手，分别调整各自的长、宽、高和位置，如图 1-39 所示。

图 1-39　制作阳台其他扶手模型

步骤8　创建阳台柱子。绘制一个白色的圆柱体，调整其长、宽、高和位置，作为阳台的柱子模型，如图 1-40 所示。

图 1-40　制作阳台柱子模型

步骤9　创建阳台其他柱子。通过复制和移动对象的方法，快速制作出阳台上的其他柱子模型（包括阳台两侧的位置也需要添加柱子），如图 1-41 所示。

图 1-41　复制并调整阳台柱子模型

步骤 10　创建观景窗。按照前面类似的方法，在二楼右侧的位置创建窗户和框架模型，注意调整对象的长、宽、高和位置，如图 1-42 所示。

图 1-42　制作观景窗模型

步骤 11　创建其他观景窗。通过复制的方法快速在二楼两侧创建多组观景窗模型，形成两侧各 3 组窗户的布局，如图 1-43 所示。

图 1-43　创建其他观景窗模型

6. 绘制楼顶模型

下面继续为民宿模型绘制楼顶对象，以完成模型主体的绘制。具体操作如下。

步骤 1　创建楼顶天台。 绘制一个浅黄色的长方体作为楼顶天台，调整其长、宽、高和位置，如图 1-44 所示。

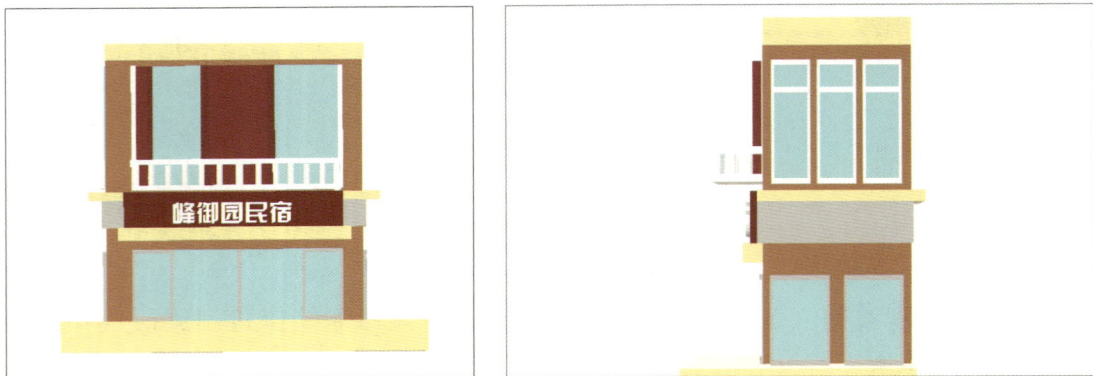

图 1-44　制作楼顶天台模型

步骤 2　创建楼顶天台装饰墙。 绘制一个褐色的长方体作为楼顶天台的装饰墙，调整其长、宽、高和位置，如图 1-45 所示。

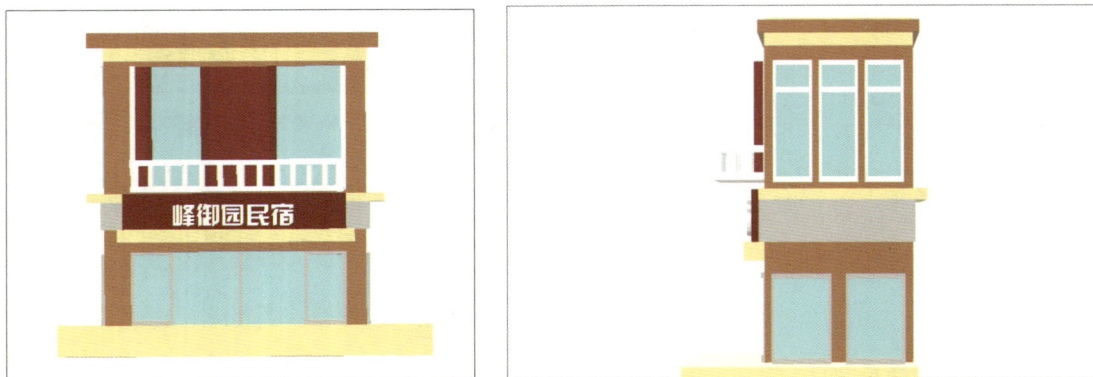

图 1-45　制作楼顶天台装饰墙模型

步骤 3　创建楼顶天台围墙。 继续绘制一个褐色的长方体，作为楼顶天台围墙的一部分，调整其长、宽、高和位置，如图 1-46 所示。

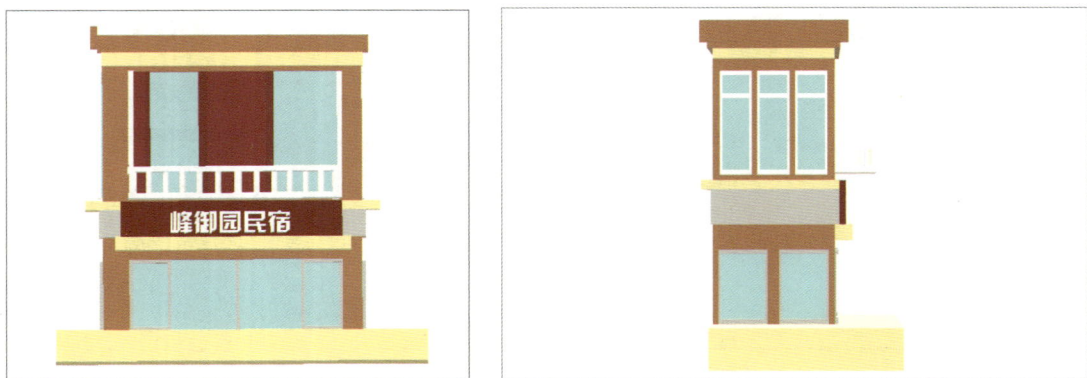

图 1-46　制作楼顶天台围墙模型

微课视频

绘制楼顶模型

步骤 4 创建楼顶天台围墙其他部分。按照相同方法继续绘制楼顶天台围墙的其他部分，分别调整它们的长、宽、高和位置，如图 1-47 所示。

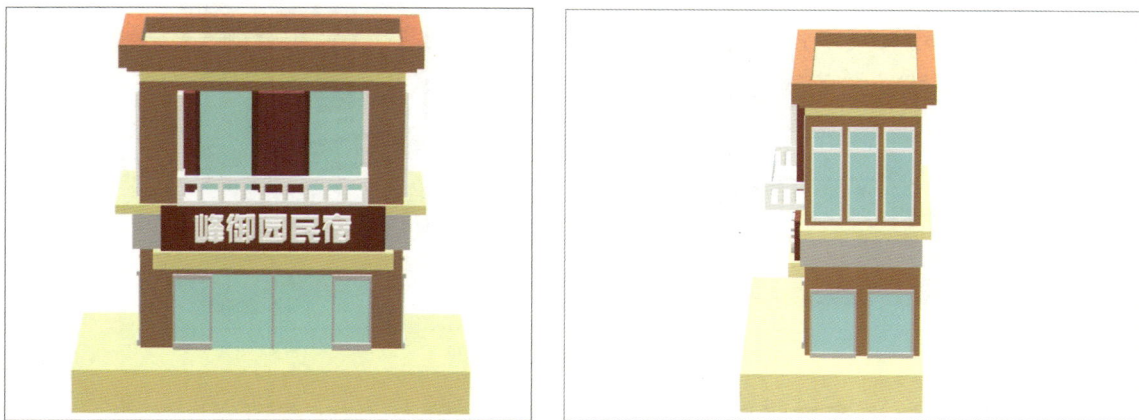

图 1-47 制作楼顶天台围墙其他部分模型

7. 绘制其他布景

完成模型主体的绘制后，下面利用 3D 形状和 3D 资源库为模型添加绿色景观，丰富场景内容。具体操作如下。

步骤 1 创建草坪。使用圆柱体绘制一个绿色的草坪模型，调整其长、宽、高和位置，如图 1-48 所示。

图 1-48 制作草坪模型

微课视频
绘制其他布景

步骤 2　复制草坪。通过复制的方法在平台两侧复制出若干草坪模型，如图 1-49 所示。

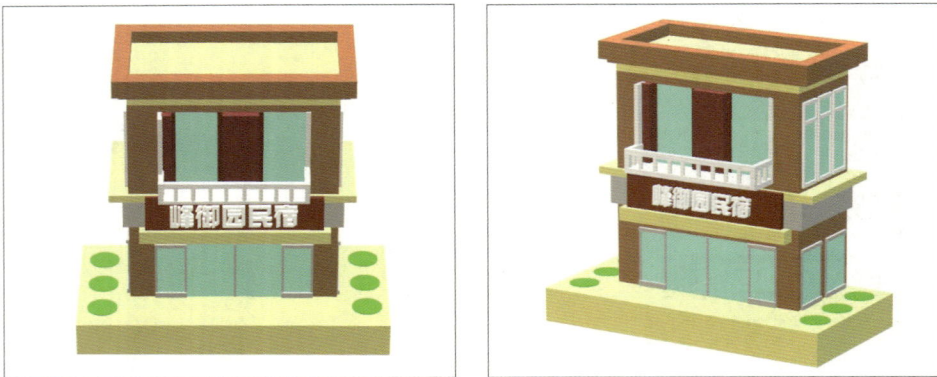

图 1-49　复制草坪模型

步骤 3　选择 3D 资源库类型。在功能按钮区中单击"3D 资源库"按钮，在任务窗格中单击某种资源类型对应的缩略图，这里单击"Flowers and Plants"缩略图，如图 1-50 所示。

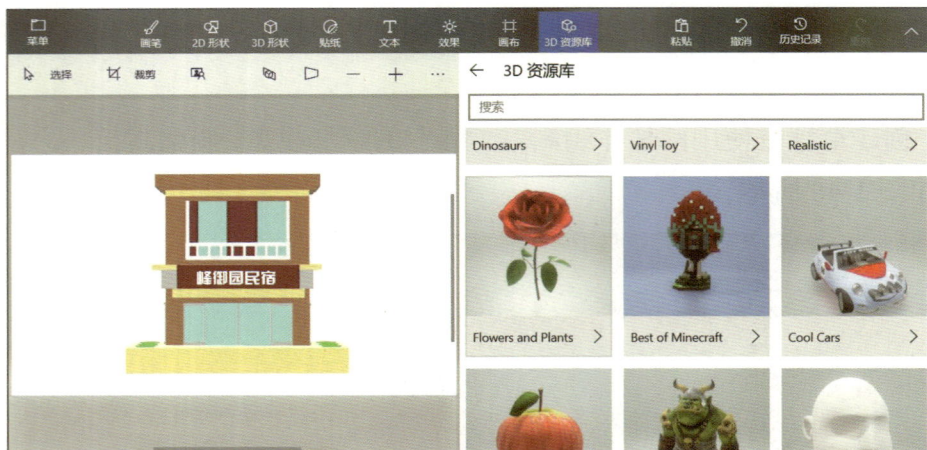

图 1-50　选择 3D 资源库类型

步骤 4　选择 3D 模型资源。继续在任务窗格中选择合适的模型资源，这里单击"Palm Tree"缩略图，如图 1-51 所示。

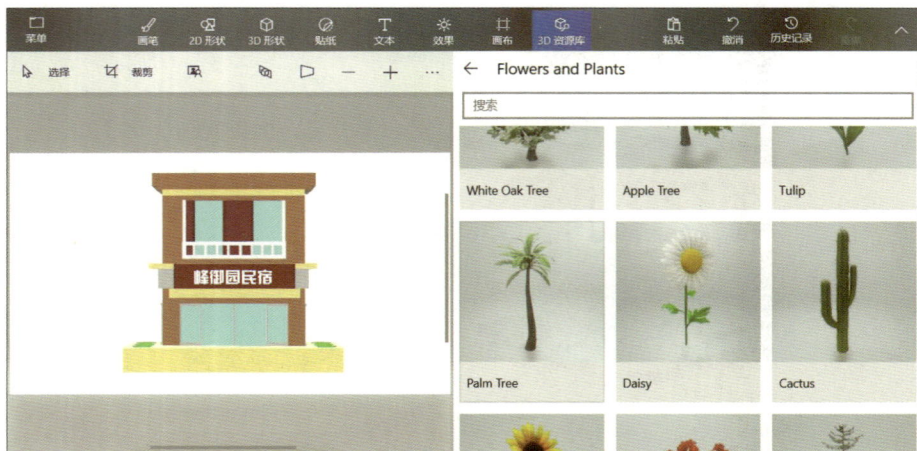

图 1-51　选择 3D 模型资源

步骤 5 调整模型。所选模型将插入画布中，调整其长、宽、高和位置，如图 1-52 所示。

图 1-52 调整插入的 3D 模型资源

步骤 6 复制植物模型。通过复制的方法在草坪上复制出 2 株植物模型，然后适当将模型沿 y 轴旋转，将模型调整为不同的角度，使场景更加丰富，如图 1-53 所示。

图 1-53 复制植物模型

步骤 7　复制另一侧植物模型。 按相同的方法在民宿模型左侧的草坪上复制出植物模型，如图 1-54 所示。

图 1-54　复制另一侧模型

> **提示**
>
> 　　单击并拖曳鼠标指针可以框选多个对象，或者选择某个对象后，在任务窗格中单击"多选"按钮，也可以加选多个对象。若此时在任务窗格中单击"组合"按钮，则可以将多个对象组合为一个对象。当需要旋转、缩放多个对象时，这种方法操作起来会更加方便。

课堂笔记

任务 3 为三维数字模型添加贴纸

虽然在画图 3D 中可以为三维数字模型添加贴纸，但考虑到操作的便捷性和直观性，以及后期对模型的打印等因素，这里将使用 3D Builder 来为模型添加贴纸，因此我们需要对该软件有所了解。

1. 认识 3D Builder

3D Builder 同样也是 Windows 10 操作系统自带的一款软件，它不仅具备 3D 打印的功能，而且可以实现三维数字模型的创建、编辑等操作。更重要的是，它可以与画图 3D 无缝衔接，能够对用画图 3D 制作的模型进行修改、复制等编辑操作，可以为模型添加贴纸，甚至可以识别模型中的某一个 3D 形状，并单独进行处理。图 1-55 所示为该软件的操作界面。下面对其主要功能进行说明。

图 1-55　3D Builder 的操作界面

- "插入"功能：通过该功能可以插入各种 3D 形状，也可以添加内置的 3D 模型，并可以结合下方的各种按钮对模型进行移动（🔹）、旋转（↻）、缩放（🔲）等操作，如图 1-56 所示。

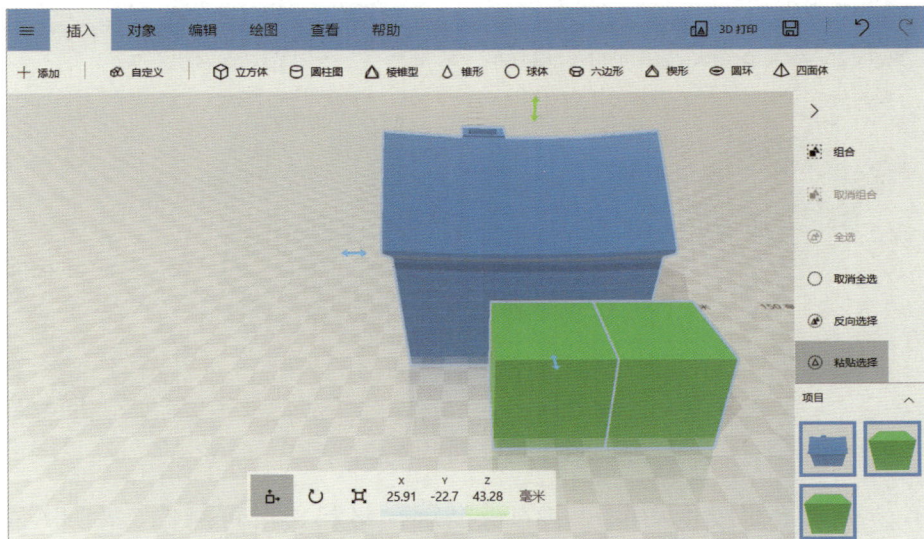

图 1-56　"插入"功能的操作界面

> **提示**
>
> 在 3D Builder 操作界面右侧包含两个控制区域，上方的区域为"选择"区域，可以实现全选、取消全选、反向选择、粘贴选择（用于切换单选和多选模式）、组合、取消组合等操作；下方的区域为"项目"区域，可以在其中选择或取消选择模型中的任意对象。

- "对象"功能：通过该功能可以实现对模型进行复制、剪切、粘贴、删除、安置、镜像、测量等操作，如图 1-57 所示。其中，操作界面中的第 1 个复制表示直接在场景中复制出对象的副本，第 2 个复制表示将对象复制到剪贴板中。另外，安置表示将所选对象平放到底板上，测量表示可以测量对象长度。

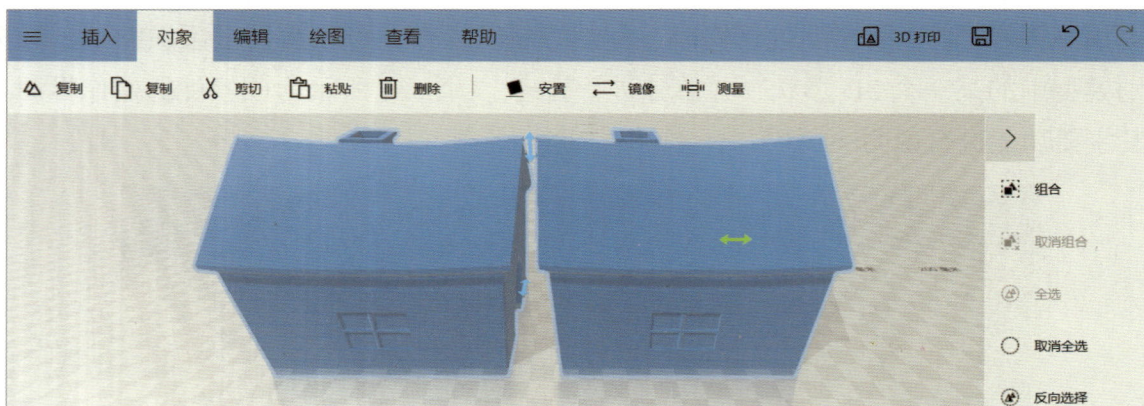

图 1-57　"对象"功能的操作界面

- "编辑"功能：通过该功能可以实现对模型进行简化、拆分、平滑、浮雕、向下拉伸、合并、相交、减去、挖洞等操作，如图 1-58 所示。这些功能的含义依次为，简化所选对象的模型结构、拆分 3D 对象、对 3D 对象的表面做平滑处理、对 3D 对象进行文本或轮廓浮雕处理、对 3D 对象进行挤压直至到达底板、将多个 3D 对象合并为一个对象、保留多个对象的交集、将当前对象以及相交对象的区域全部删除、挖空对象。

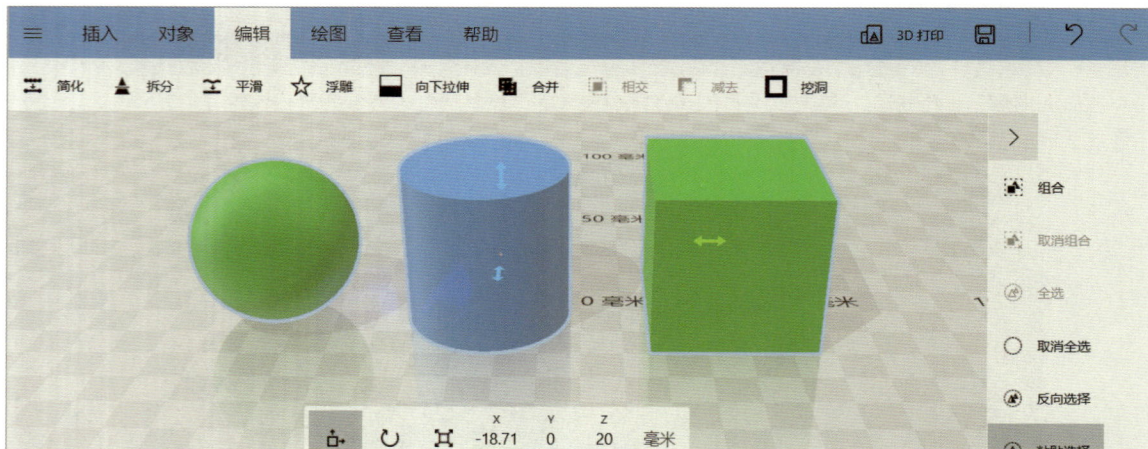

图 1-58　"编辑"功能的操作界面

- "绘图"功能：通过该功能可以为模型选择材料、设置颜色、添加纹理和贴纸等。图 1-59 所示是为模型添加纹理的操作界面。

图1-59　添加纹理的操作界面

- "3D 打印"功能：单击 3D Builder 操作界面右上方的"3D 打印"按钮 [图标 3D打印] 即可进入 3D 打印界面，在其中可以选择打印机、设置打印材料、设置打印布局等，并完成 3D 打印操作，如图 1-60 所示。

图1-60　"3D 打印"功能的操作界面

2. 为 3D 模型添加贴纸

为了让用画图 3D 制作的三维数字模型能够在 3D Builder 中使用，我们需要将其保存为 3D 模型，然后才能在 3D Builder 中打开该模型进行编辑。下面将按照这种操作保存模型，并在 3D Builder 中为该模型添加贴纸。具体操作如下。

微课视频

为 3D 模型
添加贴纸

步骤1　选择保存类型。在画图 3D 软件中单击"菜单"按钮 [图标]，在显示的界面中选择"另存为"选项，并单击"3D 模型"按钮 [图标]，如图 1-61 所示。

步骤2　设置文件名。打开"另存为"对话框，在"文件名"下拉列表框中输入"民宿模型"，保存路径保持默认设置，单击"保存"按钮 [保存(S)]，如图 1-62 所示。

步骤3　加载对象。在"开始"菜单的"W"栏中选择【Windows 附件】/【3D Builder】命令，启动该软件；在显示的欢迎界面中单击"打开"按钮 [图标]，并在打开的对话框中选择"加载对象"命令，如图 1-63 所示。

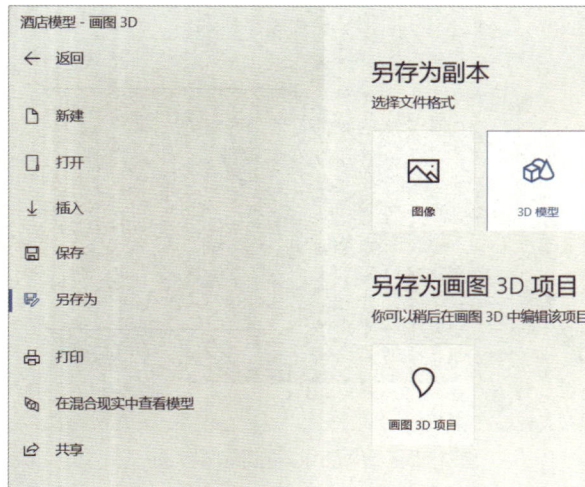

图 1-61　设置保存类型

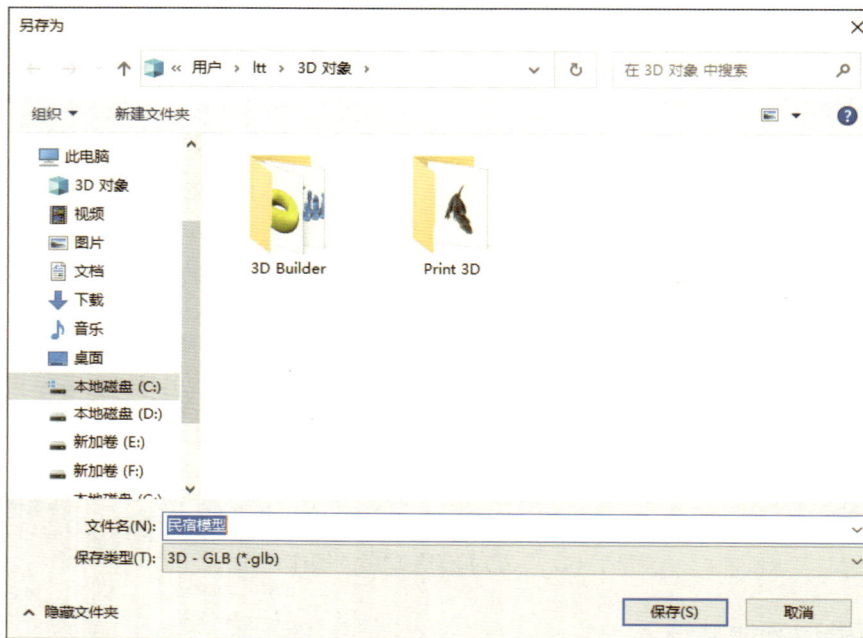

图 1-62　设置文件名

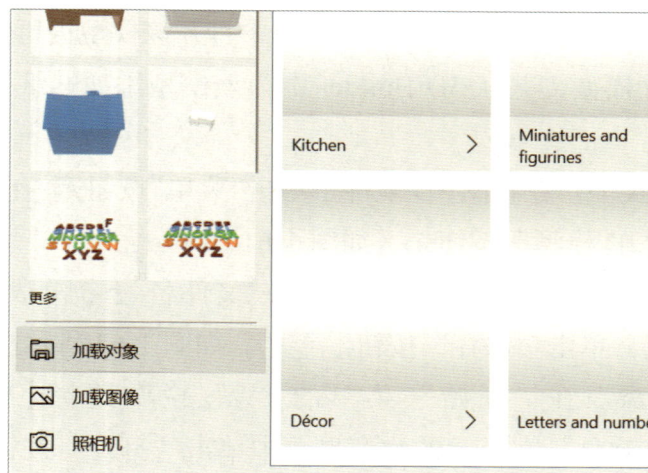

图 1-63　加载对象

步骤 4 打开模型。打开"打开"对话框，在"此电脑\3D 对象"文件夹中找到并选择"民宿模型 .glb"文件，单击"打开"按钮 打开(O)，如图 1-64 所示。

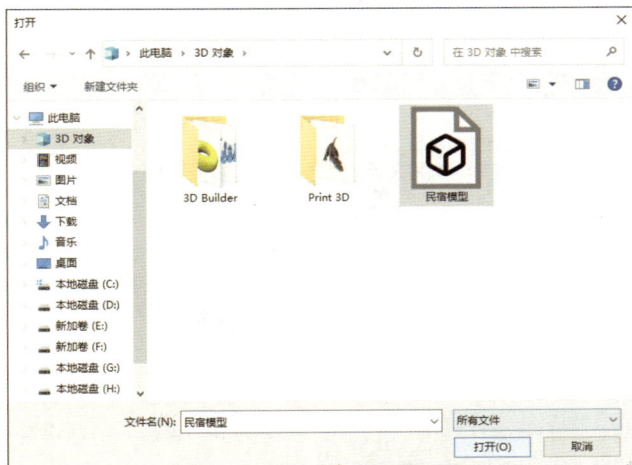

图 1-64 选择模型文件

步骤 5 修复模型。3D Builder 将打开所选的模型文件，并自动检查模型中是否存在有问题的对象。若文件有问题此时可单击右下方的提示区域进行修复，如图 1-65 所示。

图 1-65 修复有问题的对象

步骤 6 选择对象。选择地台对象，选择"绘图"选项卡，然后单击"纹理"按钮 纹理，如图 1-66 所示。

图 1-66 选择添加贴纸的对象

步骤 7　加载贴纸。在"已选择"下拉列表框中选择"加载"选项，如图 1-67 所示。

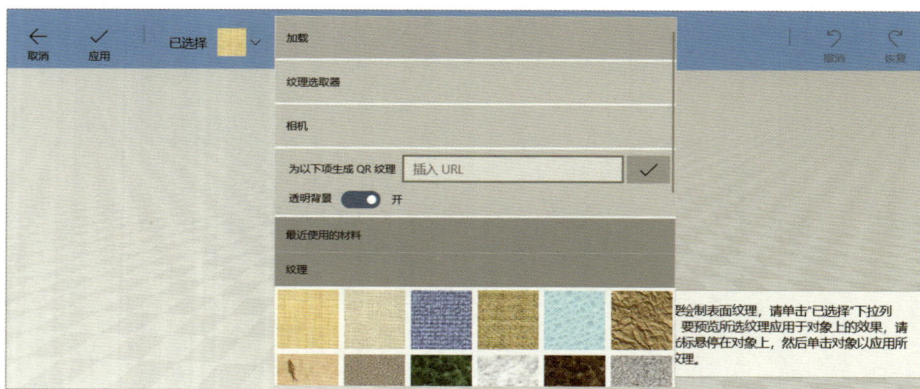

图 1-67　加载贴纸

步骤 8　选择"地砖"贴纸。打开"打开"对话框，选择"地砖 .jpg"贴纸（配套资源：素材 \ 模块一），单击"打开"按钮 打开(O)，如图 1-68 所示。

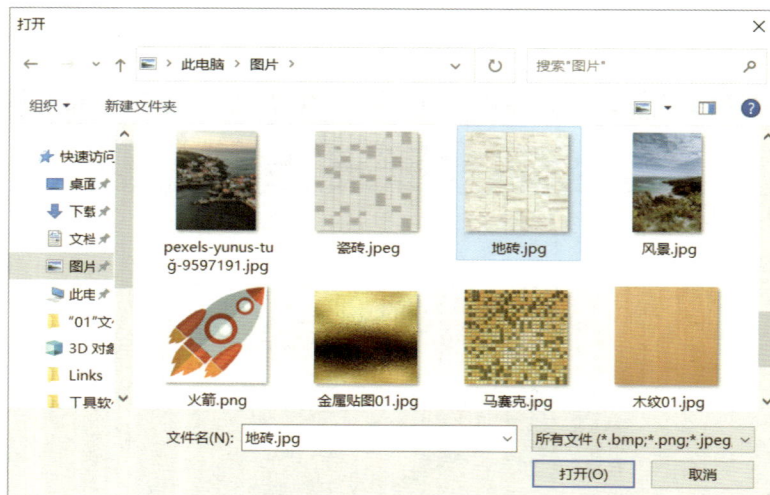

图 1-68　选择"地砖"贴纸

步骤 9　添加"地砖"贴纸。进入添加贴纸的状态，在所选 3D 对象的顶面单击即可添加贴纸，如图 1-69 所示。

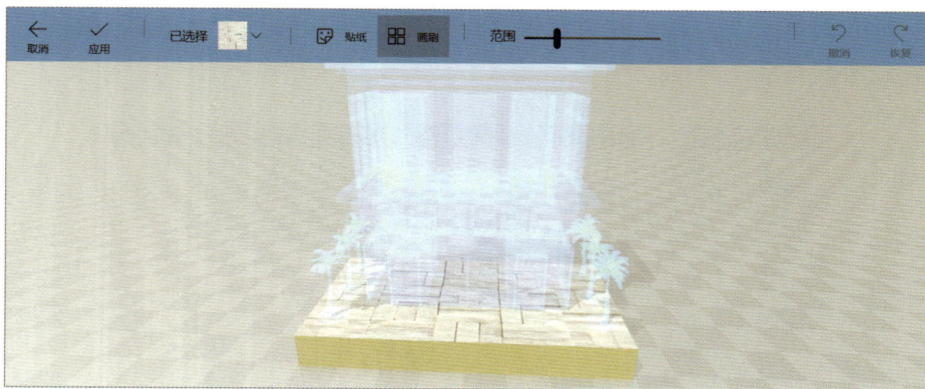

图 1-69　添加"地砖"贴纸

步骤 10　继续添加"地砖"贴纸。继续在所选对象的正面单击添加贴纸，如图 1-70 所示。

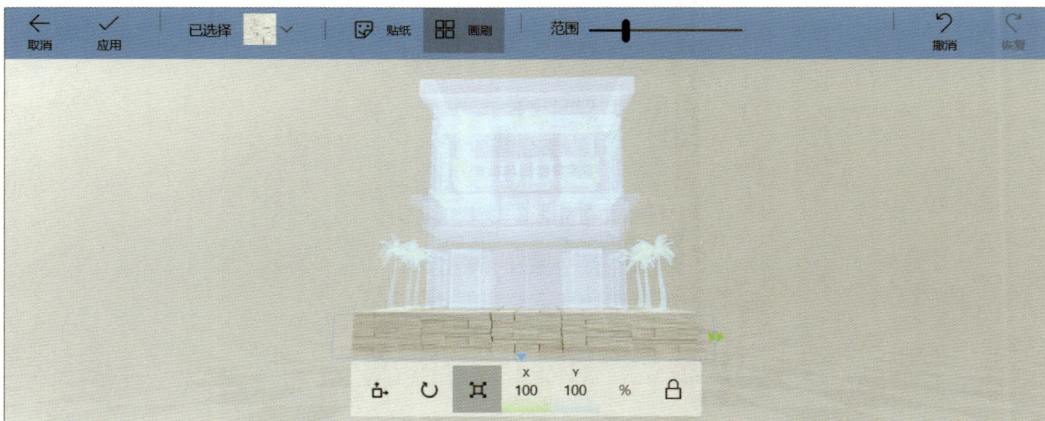

图 1-70 继续添加"地砖"贴纸

步骤 11 调整贴纸。 若贴纸在该面上的显示比例不合适，则可以拖曳绿色或蓝色的双三角形箭头调整其显示比例，如图 1-71 所示。

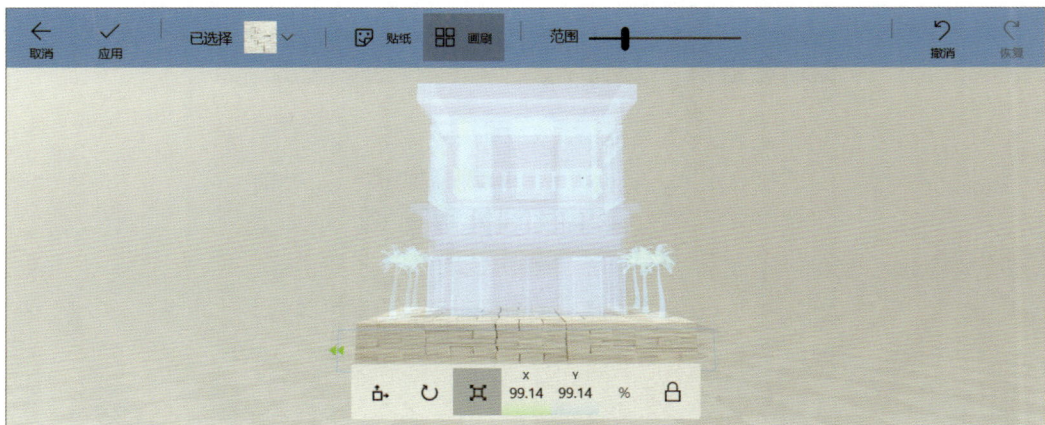

图 1-71 调整贴纸

步骤 12 添加完成并应用"地砖"贴纸。 按相同方法为所选对象的其他面添加并调整贴纸，然后单击"应用"按钮✓，如图 1-72 所示。

图 1-72 添加完成并应用"地砖"贴纸

步骤 13 查看效果。 退出添加贴纸的状态，取消选择地台，查看添加贴纸后的效果，如图 1-73 所示。

图 1-73　查看效果

步骤 14　选择对象。 选择楼体对象，单击"纹理"按钮 ⌀ 纹理，如图 1-74 所示。

图 1-74　选择添加贴纸的对象

步骤 15　加载贴纸。 在"已选择"下拉列表框中选择"加载"选项，如图 1-75 所示。

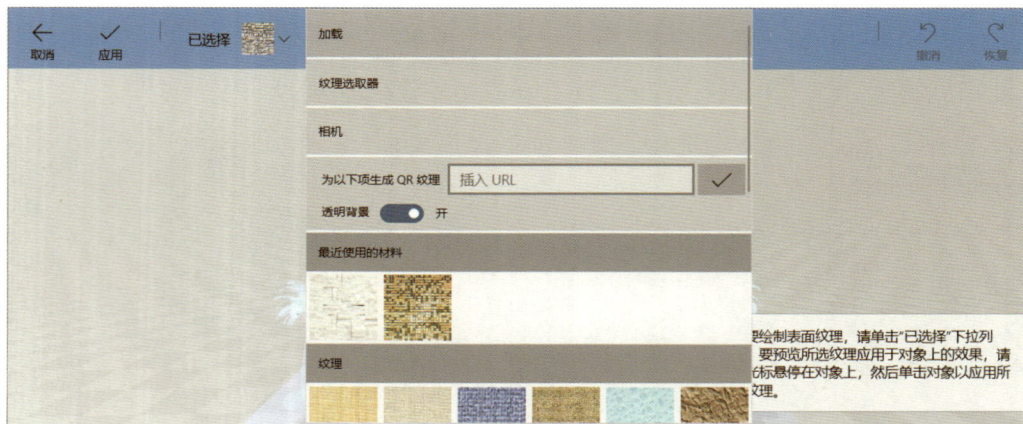

图 1-75　加载贴纸

步骤 16　选择"马赛克"贴纸。 打开"打开"对话框，选择"马赛克 .jpg"贴纸（配套资源：素材 \ 模块一），单击"打开"按钮 打开(O)，如图 1-76 所示。

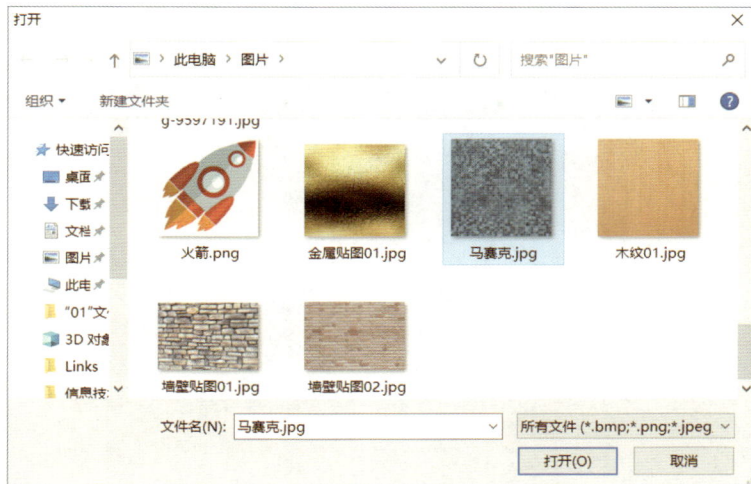

图 1-76 选择"马赛克"贴纸

步骤 17 添加"马赛克"贴纸。 进入添加贴纸的状态，在所选 3D 对象的正面单击添加贴纸，如图 1-77 所示。

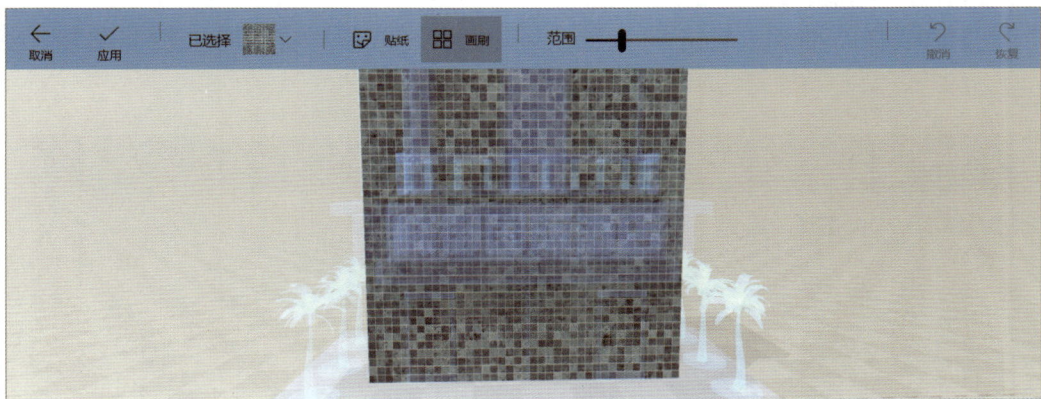

图 1-77 添加"马赛克"贴纸

步骤 18 添加完成并应用"马赛克"贴纸。 按相同方法为所选对象的其他面添加并调整贴纸，单击"应用"按钮 ✓，如图 1-78 所示。

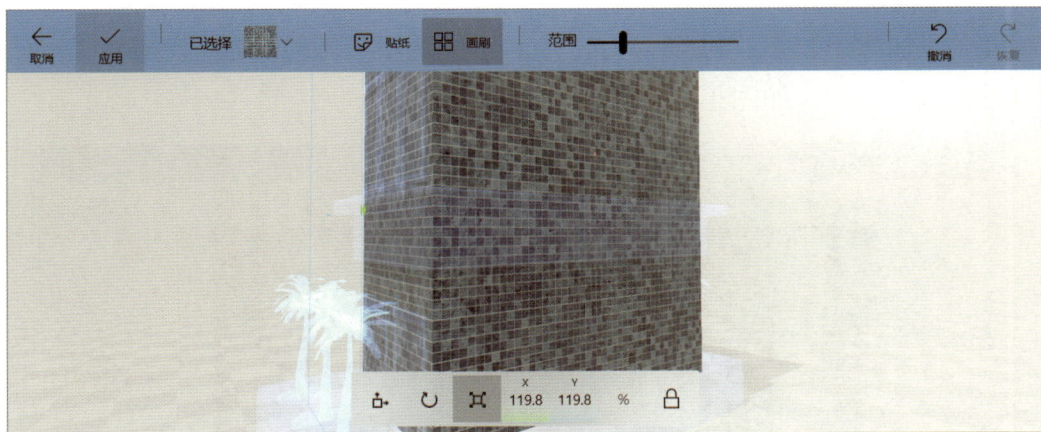

图 1-78 添加完成并应用"马赛克"贴纸

步骤 19 查看效果。 退出添加贴纸的状态，取消选择楼体，查看添加贴纸后的效果，如图 1-79 所示。

图 1-79　查看效果

步骤 20　添加"装饰墙"贴纸。为二楼底层的两堵装饰墙添加"装饰墙 .jpg"贴纸（配套资源：素材\模块一），调整贴纸时，单击下方的"锁定"按钮🔓，使其处于解锁状态，则可单独调整贴纸在 x 轴和 y 轴方向上的显示比例，使其效果更加自然、贴切，如图 1-80 所示。

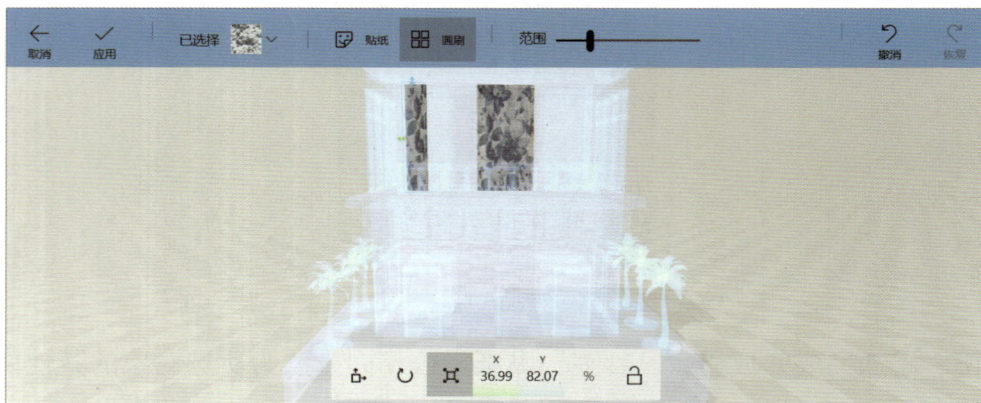

图 1-80　添加"装饰墙"贴纸

步骤 21　添加"装饰墙 2"贴纸。为二楼上层的两堵装饰墙添加"装饰墙 2.jpg"贴纸（配套资源：素材\模块一），如图 1-81 所示。

图 1-81　添加"装饰墙 2"贴纸

步骤 22　添加"石砖"贴纸。为招牌下的平台、一楼与二楼间的隔断，以及二楼与楼顶的隔断添加"石砖 .jpg"贴纸（配套资源：素材 \ 模块一），如图 1-82 所示。

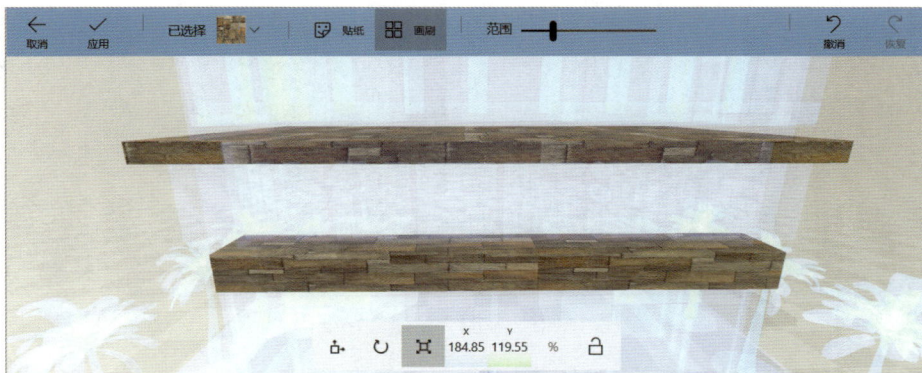

图 1-82　添加"石砖"贴纸

提示

添加贴纸后，可以充分结合下方工具栏中的移动、旋转和缩放工具调整贴纸在所选平面的位置、角度和显示比例。

步骤 23　添加"马赛克"贴纸。为楼顶隔断上方的对象和围墙添加"马赛克 2.jpg"贴纸（配套资源：素材 \ 模块一），如图 1-83 所示。

图 1-83　添加"马赛克"贴纸

步骤 24　添加"石砖 2"和"瓷砖"贴纸。为招牌和招牌后的隔断分别添加"石砖 2.jpg"和"瓷砖 .jpg"贴纸（配套资源：素材 \ 模块一），如图 1-84 所示。

图 1-84　添加"石砖 2"和"瓷砖"贴纸

步骤 25　添加"金属"贴纸。为文本添加"金属 .jpg"贴纸（配套资源：素材 \ 模块一），注意文本各个面都需要添加上，如图 1-85 所示。

图 1-85　添加"金属"贴纸

步骤 26　添加"金属 2"贴纸。为各楼层的门框和窗框添加"金属 2.jpg"贴纸（配套资源：素材 \ 模块一），如图 1-86 所示。

图 1-86　添加"金属 2"贴纸

步骤 27　添加"木纹"贴纸。为阳台添加"木纹 .jpg"贴纸（配套资源：素材 \ 模块一），如图 1-87 所示。最后将模型以相同名称保存为"3mf"格式，该格式可以完整保留纹理、颜色、贴纸的特征（配套资源：效果 \ 模块一 \ 民宿模型 .glb、民宿模型 .3mf）。

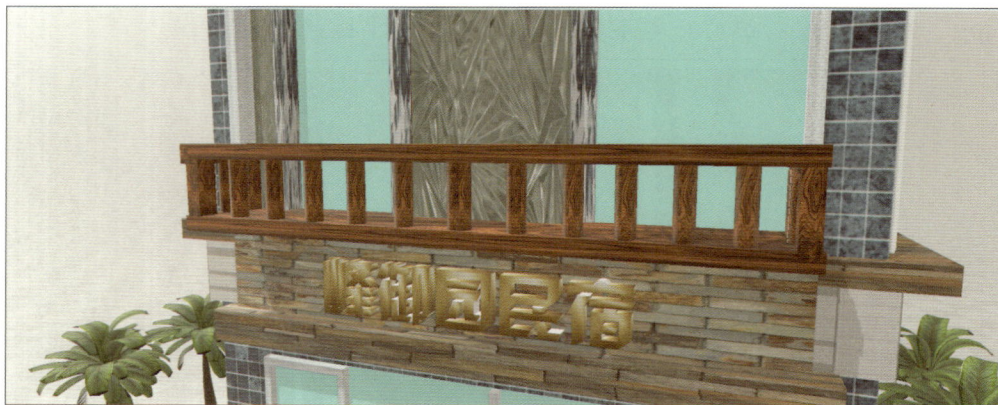

图 1-87　添加"木纹"贴纸

任务 **4** 三维数字模型的打印

　　3D Builder 可以打印一些简单的三维数字模型，本模块所制作的民宿模型由于过于复杂而无法实现打印操作。因此下面将重新在 3D Builder 中新建场景，并导入一个内置的奖杯模型来介绍三维打印的方法。具体操作如下。

微课视频

三维数字模型的打印

> **资源链接**　　三维数字模型的打印常称为 3D 打印或三维打印，它是一种以三维数字模型文件为基础，运用粉末状金属或塑料等可黏合材料，通过逐层堆叠的方式来构造物体的技术，属于快速成形技术。

电子活页

3D 打印的应用、原理与技术

　　步骤 1　选择模型。 启动 3D Builder，在显示的欢迎屏幕中单击"新建场景"按钮，然后在操作界面中选择"插入"选项卡，单击"添加"按钮 ➕添加，打开"添加"对话框，在其中选择"Trophy kit"类型下的"Trophy topper - star"模型，如图 1-88 所示。

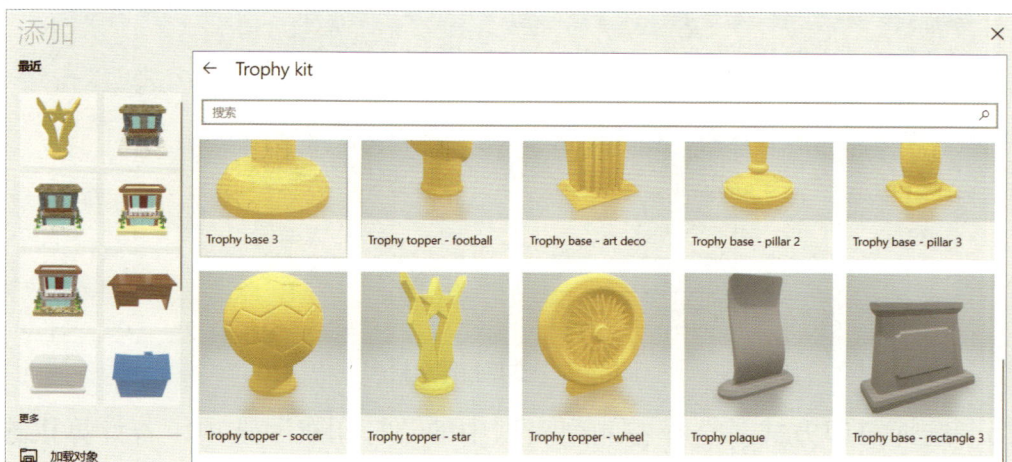

图 1-88　选择模型

　　步骤 2　调整模型。 在下方工具栏中单击 z 轴数值区域，在打开的文本框中输入新的数值，如"100"，按【Enter】键，如图 1-89 所示。

图 1-89　调整模型大小

　　步骤 3　3D 打印。 完成模型的尺寸调整后，单击右上方的"3D 打印"按钮 3D 打印，如图 1-90 所示。

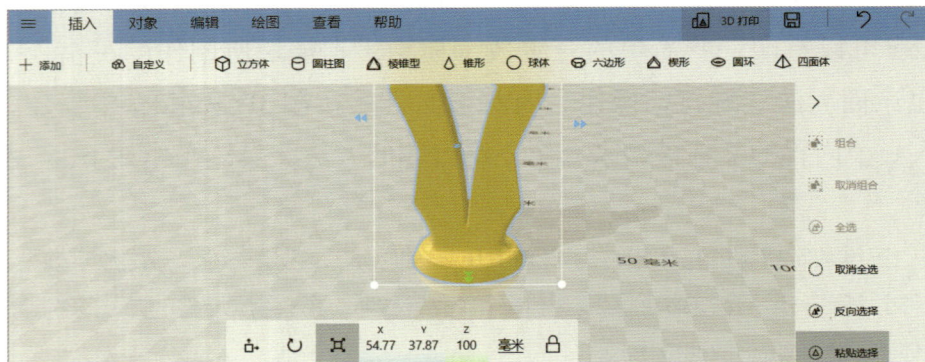

图 1-90　执行 3D 打印操作

步骤 4　选择材料。打开 3D 打印的窗口，选择左侧列表框中的"材料"选项，在右侧的"材料类型"下拉列表框中选择所需的打印材料，如"巨型树脂"，并在下方选择需要的颜色，如"黄色喷漆"，如图 1-91 所示。

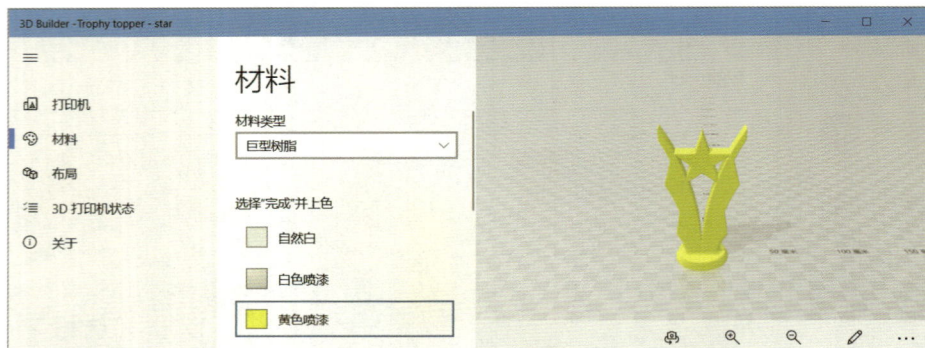

图 1-91　选择打印材料

步骤 5　选择打印方式。选择左侧列表框中的"打印机"选项，若计算机连接了 3D 打印机，或计算机所在局域网中存在共享的 3D 打印机，则可以在"已安装的打印机"或"已找到的打印机"中选择需要的打印机并执行打印操作。图 1-92 所示为默认选择的"在线 3D 打印服务"，此时窗口左下角会显示打印费用，单击右下角的"在线订购"按钮 在线订购 即可订购 3D 打印服务。

图 1-92　选择打印方式

课后思考

班级：_____　　　　姓名：_____　　　　成绩：_____

思考题 1：

　　通过互联网搜索三维数字模型相关知识，举例说明三维数字模型在各个行业的具体运用，以及优势与不足。

_____

_____

_____

_____

思考题 2：

　　本模块使用画图 3D 制作了民宿模型，请尝试使用 3ds Max 或 AutoCAD 制作同样的模型，并思考不同软件的优势和不足。

_____

_____

_____

_____

思考题 3：

　　通过互联网搜索三维数字模型打印相关知识，了解三维数字模型打印对三维数字建模的要求，并了解三维数字模型打印还可以运用在哪些领域。

_____

_____

_____

_____

⬡ 拓展训练　制作科学实验卫星模型

1. 训练任务

要求：航空航天技术体现的是国家的科学技术水平，反映的是国家的综合国力。我国经过不断的努力和发展，一些关键核心技术实现突破，战略性新兴产业发展壮大，载人航天、探月探火、深海深地探测、超级计算机、卫星导航、量子信息、核电技术、大飞机制造、生物医药等取得重大成果，进入创新型国家行列。2016年，"墨子号"量子科学实验卫星发射升空，这是我国自主研制的世界上首颗空间量子科学实验卫星。请以该卫星为原型，适当简化其结构，利用画图3D制作卫星的模型，然后在3D Builder中为该模型添加合适的贴图。图1-93所示为"墨子号"量子科学实验卫星的效果图。

图1-93　卫星效果图

2. 训练安排

要求：以小组为单位，每个小组合力完成模型的简化、设计、创建、添加贴纸等工作。学生自由分组并按照实际情况填写以下内容。

小组人数：_____人

小组组长：_____

小组成员：_____

工作分配：_____

_____

_____

3. 训练评价

序号	评分内容	总分	得分
1	能够根据参考图合理对模型进行简化处理	25	
2	能够设计出既简单又形象的模型	25	
3	能够利用画图3D绘制模型	20	
4	能够在3D Builder中为用画图3D创建的模型添加贴纸	20	
5	能够利用3D Builder将模型打印出来	10	
	总分	100	

教师评语：

模块二
数字媒体创意

02

情境描述

　　企业在现代社会中扮演着重要角色，强化企业科技创新主体地位是实现高质量发展的内在要求。企业宣传工作是企业发展中的一项重要工作，对推动企业发展、塑造企业形象、激发员工的积极性和创造性都有着积极作用。

　　在此背景下，食昧科技有限责任公司决定举行企业宣传会展活动，以互联网为主要宣传渠道，通过企业宣传短视频、VR 全景漫游等方式进行企业宣传，展示良好的企业和产品形象，吸引更多用户的关注，从而增加产品销量，同时也激发企业员工的积极性和创造性，促进企业健康发展。

技能目标

◎ 能确定数字媒体作品的创作主题。
◎ 能准确编写数字媒体作品的脚本。
◎ 能使用会声会影软件编辑短视频。
◎ 能制作 VR 全景漫游作品。

环境要求

◎ 硬件：计算机（除主机外，还包括鼠标、键盘、显示器等外部设备）、打印机等。
◎ 软件：Windows 10 操作系统、会声会影 2020 等。
◎ 其他：计算机可以正常访问互联网；准备制作企业宣传短视频所需的图片和文字资料。

任务实践

| 模块名称：数字媒体创意 | | | | 所需学时：_____18_____学时 |

任务列表		难度			计划学时
		低	中	高	
任务 1	确定创作主题		√		1
任务 2	编写数字媒体作品脚本			√	2
任务 3	采集文字、图像和音视频资源	√			2
任务 4	制作并发布数字媒体作品			√	8
任务 5	制作 VR 全景漫游的前期准备		√		1
任务 6	制作 VR 全景漫游作品			√	4

任务准备

知识准备	1. 掌握数字媒体作品主题的确定方法 2. 了解数字媒体作品脚本的编写方法 3. 掌握文字、图像和音视频资源的采集方法 4. 掌握资源的剪辑和加工方法 5. 掌握会声会影软件中转场和特效的设置方法 6. 掌握片头片尾的制作方法 7. 了解数字媒体作品的发布方法 8. 了解 VR 全景漫游的准备工作 9. 了解全景图像拍摄的相关知识 10. 掌握 VR 全景漫游作品的制作方法

企业宣传短视频参考效果

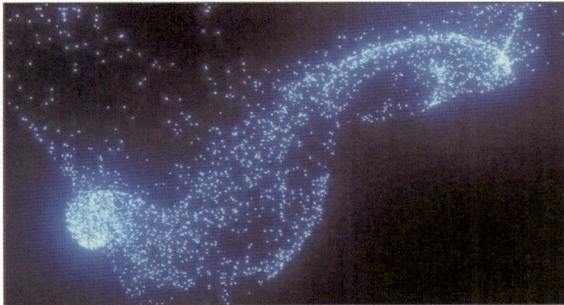

食昧科技有限责任公司
2021年5月11日

你是否考虑过这些餐厅的卫生情况？

食昧科技有限责任公司是集研发、加工和销售于一体的综合性企业，拥有雄厚的研发实力、先进的研发设备和专业的技术人员。
为了满足更多用户的需求，食昧科技有限责任公司研发出新型保鲜技术，能够在最大限度保证产品新鲜度的情况下，保留产品的营养成分和天然特色，尽可能地将原汁原味的健康、绿色食品带给用户。

原生态养殖

原生态种植

2020年，食昧科技有限责任公司投入大量资金，利用VR/AR技术建立虚拟美食体验馆，让用户既可以享受美食，又可以感受到不同的视觉体验。

欢迎加入食昧
和食昧一起
探索健康美食！

欢迎加入食昧
和食昧一起
探索健康美食！

VR 全景漫游参考效果

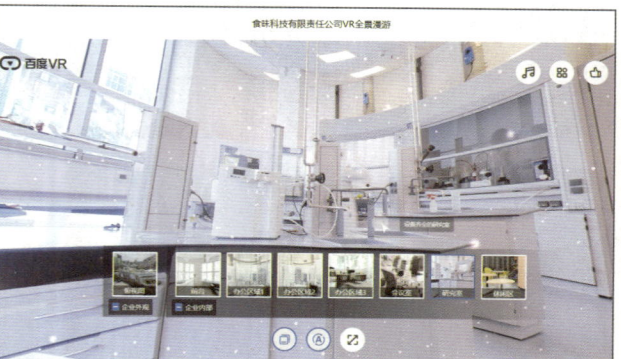

任务 1 确定创作主题

主题是通过对数字媒体作品的概括提炼出来的中心思想，是数字媒体作品的基石，没有主题的数字媒体作品将毫无意义。因此，确定创作主题是制作数字媒体作品的前提。在确定创作主题时，首先要注意以社会主义核心价值观为引领，创作主题主要可以从以下 3 个方面来确定。

1. 了解用户需求

数字媒体以用户为中心进行宣传，因此数字媒体作品直接与用户需求相关。设计人员在创作数字媒体作品前，通常需要通过一定的途径了解用户的需求，然后根据用户的需求来确定创作主题。

- 通过互联网了解用户需求：在当今互联网环境下，用户需求在与媒体接触时间与方式等方面发生着变化。目前，上论坛、写博客、看短视频、发微博、发微信等由移动互联网创造的生活方式已成为用户主流的生活方式。因此，设计人员可通过用户的浏览习惯了解用户的需求，从而有针对性地确定数字媒体作品的创作主题。
- 通过第三方服务平台了解用户需求：设计人员还可通过分析和研究第三方服务平台的数据，如神策数据、抖查查和西瓜助手等平台数据，了解用户爱看什么类型的内容，以及竞争者近期发布的内容浏览情况，从而确定数字媒体作品的创作主题。

2. 宣传对象的理念和风格

一般来说，数字媒体作品都有一个准确的宣传对象，这个宣传对象往往会有不同的理念和风格，以此为突破口来确定数字媒体作品的创作主题，可以使数字媒体作品与主题较为完美地融合，让用户对该数字媒体作品产生深刻的印象，达到良好的宣传效果。图 2-1 所示为"小米有品"品牌宣传片部分画面，该品牌以"有品生活，更好选择"为品牌理念，致力于提供高性价比、高科技、高品质的产品，因此该宣传视频将主题定为"科技让生活更有品"。

图 2-1 "小米有品"品牌宣传片

3. 数字媒体作品的内容

创作主题和数字媒体作品的内容息息相关，因此，创作主题也可以根据数字媒体作品的内容来确定。如某品牌需要在数字媒体作品中对该品牌的文化、发展历程等进行展现，则可以直接以"××品牌宣传"为主题，让用户对该品牌有一个清晰的认识；需要在数字媒体作品中展现某产品的促销信息，则创作主题可包括减价、促销、折扣以及其他的促销内容；需要在数字媒体作品中重点展现产品卖点，则创作主题可以直接是产品卖点和名称，如"无油低脂烘焙空气炸锅""舒缓补水面膜""××语音智能音箱"等。图 2-2 所示为"小米"智能门锁的宣传视频，视频内容自然与智能门锁相关，再通过门锁可以联想到"守护""安全"等，因此可以将该宣传视频的主题确定为"百万家庭的温暖守护者"。

图 2-2 "小米"智能门锁的宣传视频

本模块制作的是企业宣传短视频，宣传对象是企业，因此首先要了解企业的理念与风格。食昩科技有限责任公司是一家专注于探索美食文化，并将其与科技相融合的创新型企业，旨在为用户提供健康的美食和愉悦的享受，以"绿色、健康、科技、创新"为企业理念。为了在企业宣传短视频中展现企业信息和理念，本模块以"和食昩一起探索健康美食"为创作主题。

> （1）小组成员分别罗列出有哪些常见的确定创作主题的方法。
> （2）根据本模块的情境描述，讨论本模块中数字媒体作品的主要风格和内容。

课堂笔记

任务 2 编写数字媒体作品脚本

脚本通常是指表演戏剧、拍摄电影等所依据的底本或书稿的底本。通过制作脚本可以为后续的拍摄、制作等工作提供流程指导，从而提高工作效率。下面将详细介绍数字媒体作品脚本的整体编写思路和流程，并编写食昧科技有限责任公司的企业宣传短视频脚本。

1. 主题定位

数字媒体作品内容通常都有一个主题，主题可以展示内容的具体类型，如以乡村生活为主题的数字媒体作品，其内容应始终围绕乡村生活的日常细节来展开，包括田间耕种、村民的日常生活，以及传统风俗等。明确的主题定位可以为后续的脚本写作奠定基调，保证整个拍摄过程始终围绕核心主题、为核心主题服务。食昧科技有限责任公司的主题是"和食昧一起探索健康美食"，其内容应主要围绕企业在美食方面的发展、探索。

2. 确定脚本类型

脚本通常分为拍摄提纲脚本、文学脚本和分镜头脚本 3 种类型，分别适用于不同类型的数字媒体作品。

- 拍摄提纲脚本：拍摄提纲涵盖数字媒体作品的各个拍摄要点，通常包括对主题、视角、题材形式、风格、画面和节奏的阐述。拍摄提纲对拍摄只能起到一定的提示作用，适用于一些不容易提前掌握或预测的内容。在当下主流的短视频创作中，新闻类、旅行类短视频就经常使用拍摄提纲脚本。需要注意的是，拍摄提纲脚本一般不限制团队成员的工作，让摄像人员可发挥的空间比较大，对数字媒体作品后期剪辑人员的指导作用较小。表 2-1 所示为《魅力成都》数字媒体作品的拍摄提纲脚本。

表2-1 　　　　　　　　　《魅力成都》拍摄提纲脚本

提纲要点	提纲内容
主要内容	主要包括展示成都的风土人情和美景美食
风土人情	拍摄市民喝茶、聊天、吃火锅等慢生活的视频
著名景点	（1）金沙博物馆、武侯祠、四川博物馆、杜甫草堂、宽窄巷子、锦里古街、都江堰、西岭雪山、大熊猫基地、（以摇镜头为主，包括全景、远景，使用无人机航拍） （2）拍摄一些大熊猫、金丝猴视频（特写）
美食	担担面、抄手、冰粉、冒菜、火锅、串串（最好有人物，展现出一种热闹的氛围，也可以拍摄一些成都夜晚的街头美食）

- 文学脚本：文学脚本的内容不如分镜头脚本那么精细，只需要写明数字媒体作品

内容中主角需要做的事情或任务、说的台词和拍摄中应选用的镜头以及整个短视频的时间长短等，适用于不需要太多剧情的短视频，如常见的教学视频、评测视频和营销视频等。表2-2所示为《父母的世界》短视频的文学脚本。

表2-2   **《父母的世界》文学脚本**

脚本要点	脚本内容
标题	父母的世界
演员	一名年轻男性（饰演儿子），一名中年男性（饰演父亲）和一名中年女性（饰演母亲），5名群众演员（男女不限）
时长	40秒
场景1：餐厅	餐厅包间，一名年轻男子坐在圆桌旁边，神情愉悦地拿着手机编辑微信信息，周边围坐着一群朋友（群众演员）正在欢快地聊天。 镜头推进，展现手机屏幕中的微信内容：妈，今年公司很忙，过年可能要加班，回不来了。随即男子放下手机，继续和朋友一起愉快地聊天
场景2：家中客厅	客厅坐着一名中年女性，穿着朴素，一脸期待地看着手机屏幕。旁边坐着一名中年男性，一边看着电视，一边假装不在意地看向中年女性手中的手机屏幕。 中年男性（父亲）：哎呀，你别急，儿子肯定要回来的，我去菜市场买点儿子喜欢吃的菜。 中年女性（母亲）：那你快去，记得出门把羽绒服穿上，外面冷（关怀的语气）。 中年男性起身，穿上沙发上的羽绒服，打开门出门离开。 突然，中年女性收到信息，急忙点击查看（重点展现人物欣喜的神情），镜头推进，展现儿子发送的信息内容。中年女性神情逐渐变得落寞，继续给儿子发送信息
场景3：餐厅	不一会儿，男子手机屏幕亮了，微信信息来了。男子拿起手机查看信息，表情逐渐凝重（重点展现男子表情）。镜头推进，展现微信内容：好的，儿子，在外面不要省钱，吃好点。妈妈想你了，有时间给妈妈发个视频。 男子突然有点心神不宁，拿起手机给妈妈发了一条微信。展现微信内容：妈，爸呢？ 男子露出期待的神情，拿着手机等待微信，很长时间也不见有回信。 收到回信，男子急忙打开，眼眶逐渐湿润，流泪。展现微信内容：你爸以为你要回来，去给你买你喜欢吃的菜了，不过你放心，他穿了你给他买的羽绒服，一点儿都不冷
场景4：街道	男子在街道上奔跑，镜头从下往上拍摄，不拍脸。 旁白：现在回家，陪陪这个世界上最爱你的两个人

● 分镜头脚本：分镜头脚本主要是以文字的形式直接表现不同镜头的短视频画面。分镜头脚本的内容更加精细，能够表现短视频前期构思时对视频画面的构想，可以将文字内容转换成用镜头直接表现的画面，因此，编写分镜头脚本比较耗费时间和精力。分镜头脚本的主要项目通常包括景别、拍摄方式（镜头运用）、画面内容、解说词、时长和音效（景别、拍摄方式和音效等具体内容将在后面章节进行详细讲解）等。有些专业的短视频拍摄团队编写的分镜头脚本中甚至会涉及摇臂使用、灯光布置和现场收音等项目。分镜头脚本就像短视频创作的操作规范一样，为摄像提供拍摄依据，也为剪辑提供剪辑依据。表 2-3 所示为《浪漫约会》短视频的分镜头脚本。

资源链接　分镜头脚本又分为图文集合和纯文字两种类型，我们可以在制作数字媒体作品中合理选择。参见配套资源中的"电子活页"文档内容，可以查看分镜头脚本分类的详细内容。

电子活页

分镜头脚本分类

表2-3　　　　　　　　　　　《浪漫约会》分镜头脚本

顺序	景别	镜头	画面内容	解说词	时长	音效
1	中景	固定镜头	女孩一边化妆，一边与男孩聊天	字幕：2021 年 5 月 20 日，适合约会的一天	8 秒	轻快的背景音乐
2	特写	推镜头	展现漂亮的穿搭和与之相匹配的精致妆容	字幕：为了今天的约会，特意选了与妆容搭配的衣服	5 秒	轻快的背景音乐
3	全景	固定镜头	女孩在公交站等公交车，给男孩发消息	字幕：我马上上公交啦！	10 秒	消息发送特效
4	特写	推镜头	展现女孩手机的消息界面	字幕：我已经到了哦，等你！	3 秒	轻快的背景音乐
5	中景	固定镜头	女孩坐上公交车，望着窗外的景色微笑	字幕：好开心，终于要见面了……	5 秒	轻快的背景音乐
6	……	……	……	……	……	……

3．搭建内容框架

脚本类型确定后，就需要搭建短视频的内容框架。搭建内容框架的主要工作是要想好通过什么样的内容细节以及表现方式来呈现创作主题，包括人物、场景、事件以及转折点等，并对此有一个详细的规划。表 2-4 所示为常见的脚本内容框架。

表2-4　　　　　　　　　　　　　常见的脚本内容框架

框架要点	内容细节
人物	脚本中要明确主角的数量，以及每个主角的人物设定、作用等
场景	脚本中要明确拍摄地点，如确定是室内还是室外、棚拍还是绿幕抠像
画面内容	画面内容是指具体的情节，即把主题内容通过各种场景进行呈现，而脚本中具体的内容就是将主题内容拆分成单独的情节，也可以使用单个镜头来展现
景别设置	景别设置是选择拍摄时使用的景别，如远景、全景、中景、近景和特写等
时长	时长是指单个镜头的时长。编写脚本时，需要根据短视频的整体时长以及故事的主题和主要矛盾冲突等因素来确定每个镜头的时长，以加强短视频的故事性，同时也便于后期的剪辑处理，提高后期的制作效率
音乐	符合画面气氛的音乐是渲染数字媒体作品氛围的常用手段。如，拍摄时尚街拍短视频作品，可以选择快节奏的嘻哈音乐；拍摄中国风短视频作品，可以选择慢节奏的古典或民族音乐
影调	影调是指画面的明暗层次、虚实对比和色彩的色相明暗等之间的关系。影调应根据短视频的主题、内容类型、事件、人物和风格等来综合确定
解说词	无论短视频内容中有没有人物对话，解说词都必不可少，应该根据不同的场景和镜头设置合适的解说词
机位	机位即摄像机相对于被摄主体的空间位置，包括正拍、侧拍或俯拍、仰拍等，不同的机位展现的效果是截然不同的
镜头运用	镜头运用是指镜头的运动方式，包括推、拉、摇、移等

资源链接

在搭建内容框架时，还需要先对其中的一些专业名词有相应的了解，如景别和镜头运用。参见配套资源中的"电子活页"文档内容，可以查看景别和镜头运用的详细内容。

电子活页

了解景别和镜头运用

了解了数字媒体作品制作脚本的整体思路和流程后，设计人员即可编写食昧科技有限责任公司的数字媒体作品制作脚本。

表 2-5 所示为拍摄《企业宣传短视频》数字媒体作品的纯文字分镜头脚本。

表2-5　　　　　《企业宣传短视频》纯文字分镜头脚本

顺序	景别	镜头	画面内容	解说词	时长
1	无	无	片头动画	食昧科技有限责任公司 2021 年 5 月 11 日	8 秒
2	中景	固定镜头	地铁站人来人往的繁忙场景	你是否每天都在这个繁忙的城市中来回穿梭？	4 秒
3	近景	移镜头	一个人在计算机前的工作场景	你是否每天都在漆黑的夜里默默加班？	3 秒
4	近景	固定镜头	展示美食视频 1	在这样繁忙的生活中，你是否关注过自己的饮食健康？	3 秒
			展示美食视频 2		4 秒
			展示美食视频 3		2 秒
5	近景	移镜头	展示餐厅视频 1	你是否考虑过这些餐厅的卫生情况？	2 秒
6	中景		展示美食视频 2		5 秒
7	远景	固定镜头	从高处拍摄城市川流不息的场景	21 世纪，中国经济迅速发展，一个以"绿色、健康、科技、创新"为企业理念，旨在为用户提供健康的美食和愉悦的享受的创新型企业——食昧科技有限责任公司，进入了大众的视野。自 2019 年成立以来，食昧科技有限责任公司专注于探索全国各地的美食，并致力于将这些美食推荐给用户，在全国范围内拥有多家广受好评的餐厅。	5 秒
8	远景	移镜头	展现城市高楼大厦		9 秒
9	无	无	展示 4 张餐厅图片		12 秒

续表

顺序	景别	镜头	画面内容	解说词	时长
10	近景	固定镜头	展示流水线上包裹自动打包场景	食昧科技有限责任公司是集研发、加工和销售于一体的综合性企业，拥有雄厚的研发实力、先进的研发设备和专业的技术人员。为了满足更多用户的需求，食昧科技有限责任公司研发出新型保鲜技术，能够在最大限度保证产品新鲜度的情况下，保留产品的营养成分和天然特色，尽可能地将原汁原味的健康、绿色食品带给用户。	8秒
11	近景	固定镜头	企业研究人员工作场景		11秒
12	无	无	展示8张原生态种植和养殖的图片		24秒
13	近景	固定镜头	展示用户体验VR产品场景	2020年，食昧科技有限责任公司投入大量资金，利用VR/AR技术建立虚拟美食体验馆，让用户既可以享受美食，又可以感受到不同的视觉体验。	5秒
14	无	无	片尾动画	欢迎加入食昧 和食昧一起 探索健康美食！	10秒

课堂笔记

任务 3 采集文字、图像和音视频资源

数字媒体作品中包含文字、图像、音视频等信息。设计人员在了解数字媒体作品的主题和制作脚本后，可以根据这些信息采集需要使用到的资源。本模块将制作企业宣传短视频，在设计前需要采集文字、图像和音视频资源等。

1. 网站采集

网站采集是指在互联网上通过各种资源网站，搜索需要的文字、图像和音视频资源并进行下载，使用时要注意版权问题，自觉抵制盗版，不随意上传或下载、复制打印他人的网络作品。

- 从文字资源网站采集：文字资料可根据数字媒体作品的制作脚本在网站上采集，如数字媒体作品为水果宣传短视频，其制作脚本中有展示人物品尝水果、采摘水果等镜头，那么文字资料采集可以在网站中搜索、查找与该水果的口感、营养价值、生长环境等相关信息，便于后期制作短视频时搭配字幕。

- 从图像资源网站采集：图像资源网站在互联网上也比较多，如千图网、花瓣网、摄图网等（这些网站也有音视频资源）。设计人员可根据需要进行采集，然后运用在数字媒体作品中。图 2-3 所示为摄图网中采集图像的页面。

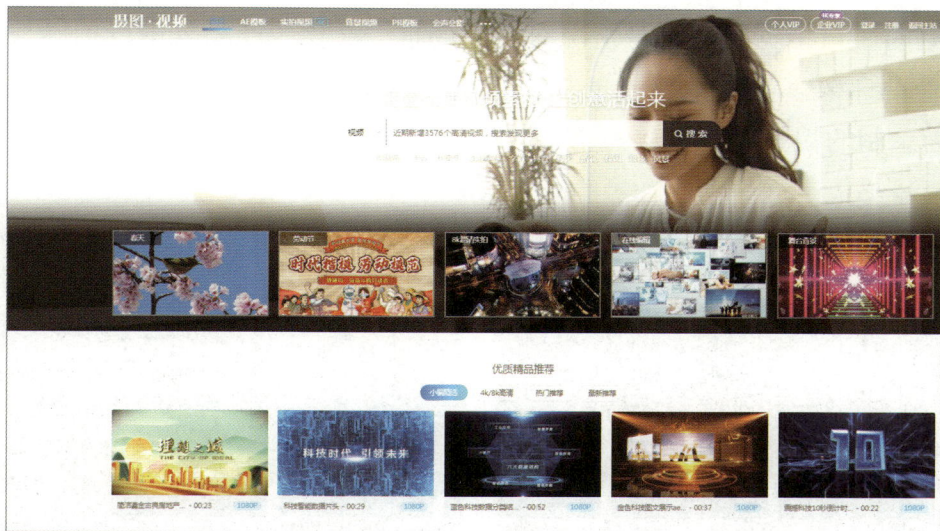

图 2-3　摄图网视频页面

- 从音视频资源网站采集：目前常用的音乐门户网站有 QQ 音乐、网易云音乐等。这些门户网站具有品类全、内容丰富、搜索方便等特点，采集音视频资源时可先试听后下载，但需要注意有些音乐需要会员或付费下载，而且下载后的音乐也并非全部可以商用，要注意版权问题。另外，制作数字媒体作品时，有时也会需要一些辅助音效和视频资源，如喇叭音、敲打声、雨滴声等音效以及自然风光、美食制作等视频，这些资源也可以在音视频资源网站中直接获取，如熊猫办公、觅知网、包图网等。图 2-4 所示为熊猫办公网站的音效页面，在该网站中也可以下

载图像和视频资源。

图 2-4   熊猫办公网站音效页面

2．自行制作

为了制作出视觉效果更突出的宣传作品，设计人员也可以根据实际情况自行制作一些素材，如实物拍摄、手绘、运用设计软件制作等。本模块制作的企业宣传短视频在进行实物拍摄或录制时，可根据企业自身情况对企业场景、文化、产品等进行拍摄与录制，以加深用户对企业的印象。注意拍摄或录制的音视频不能直接使用，需要进行后期编辑处理。图 2-5 所示为录制的视频截图。

图 2-5   录制的视频截图

3．合作方提供

除了上述两种方式外，设计人员也可以从合作方那里获得制作数字媒体作品所需要的文字、图像和音视频资源等，如企业详细介绍、产品图片、企业 Logo 等。本模块制作的企业宣传短视频涉及大量企业信息，在采集资料时，可将合作方提供的企业发展历史、经营理念、文化理念、服务理念、产品信息等作为原始资源。

任务 4 制作并发布数字媒体作品

资源采集完成后，设计人员即可开始制作数字媒体作品。本任务将使用会声会影软件制作一个企业宣传短视频，以展示良好的企业形象。

1. 剪辑并加工资源文件

制作数字媒体作品的第一步是将这些资源文件导入会声会影软件中，并进行简单的剪辑和加工。由于本模块的视频文件较多，因此这里主要对视频文件进行剪辑并加工。具体操作如下。

> 微课视频
>
> 剪辑并加工资
> 源文件

步骤 1　启动会声会影软件。双击桌面上会声会影软件的快捷方式 V 启动该软件，在欢迎界面选择【文件】/【新建项目】命令新建项目。

步骤 2　导入视频文件。选择"编辑"选项卡，然后单击"导入媒体文件"按钮 🗗，打开"选择媒体文件"对话框，在其中选择所需的视频文件（配套资源：素材\模块二\餐厅视频.mp4、城市发展.mp4、地铁站.mp4、加班.mp4、建筑.mp4、美食1.mp4、美食2.mp4、美食3.mp4、片头.mp4、特效.mp4、物流.mp4、虚拟体验馆.mp4、研究.mp4），单击"打开"按钮 打开(O) 将所有文件导入会声会影软件中，如图2-6所示。

图 2-6　导入视频文件

步骤 3　拖曳视频文件到轨道上。按住【Ctrl】键不放，依次选择导入的视频文件，将其拖曳到下方的"视频"轨道上，如图2-7所示。

图 2-7　拖曳视频文件到轨道上

步骤 4　分离并删除音频文件。在"视频"轨道上选择"建筑"视频文件，单击鼠标右键，在弹出的快捷菜单中选择【音频】/【分离音频】命令，分离出音频文件，如图 2-8 所示。在"声音"轨道中可看到该音频文件已经与视频文件分离。选择音频文件，按【Delete】键删除。使用相同的方法分离并删除"美食 3""物流"视频文件中的音频文件。

步骤 5　分割并删除视频。在"视频"轨道上选择"餐厅视频"视频文件，按住【Ctrl】键不放，向前滚动鼠标滚轮，放大时间轴（向后滚动滑轮可缩小时间轴），将鼠标指针移动到"00:00:02:020"位置处，单击将播放头定位在该处，然后在预览界面中单击"根据滑轨位置分割素材"按钮，分割视频，如图 2-9 所示。选择第 2 段的视频片段，将播放头定位在"00:00:06:000"位置处，分割视频。选择第 3 段的视频片段，将播放头定位在"00:00:11:013"位置处，分割视频。按【Delete】键删除第 2 段和第 4 段的视频片段。删除视频片段后，后面部分的视频片段将自动前移到起始位置。

图 2-8　分离音频文件

图 2-9　分割视频

资源链接　除了使用"根据滑轨位置分割素材"这种方式剪辑视频外，会声会影软件还提供了其他的剪辑方式。参见配套资源中的"电子活页"文档内容，可以查看其他视频剪辑的详细内容。

电子活页

其他视频剪辑方式

步骤 6　分割其他视频。选择"美食 1"视频文件，将播放头定位在"00:01:43:010"位置处，分割视频，然后删除后面部分的视频片段。选择"美食 2"视频文件，将播放头定位在"00:01:55:020"位置处，分割视频，然后删除后面部分的视频片段。选择"美食 3"视频文件，将播放头定位在"00:01:58:018"位置处，分割视频，然后删除后面部分的视频片段。在时间轴中，将播放头定位在"00:00:07:019"位置处，分割视频，然后删除前面部分的视频片段。

2. 集成资源文件

资源文件剪辑和加工完成后，还需要根据脚本内容集成文字、图像和音视频等资源文件，最终组成一个完整的短视频。具体操作如下。

步骤1　调整"片头"视频顺序。 在"视频"轨道上选择"片头"视频文件，按住【Ctrl】键不放，向后滚动鼠标滚轮，缩小时间轴，直到所有的视频文件都在"视频"轨道上显示，然后将选择的视频文件拖曳到"视频"轨道最前方，如图2-10所示。

图 2-10　调整"片头"视频的顺序

步骤2　调整其他视频资源顺序。 将"地铁站"视频文件拖曳到"片头"视频文件后面，以"加班""美食1""美食2""美食3""餐厅视频""城市发展""建筑""物流""研究""虚拟体验馆""特效"为顺序，依次拖曳视频文件，如图2-11所示。

图 2-11　调整其他视频资源的顺序

步骤3　导入图像和音频资源。 选择"编辑"选项卡，然后单击"导入媒体文件"按钮，打开"选择媒体文件"对话框，在其中选择所需的资源文件（配套资源：素材\模块二\背景音乐.mp3、餐厅1.jpg、餐厅2.jpg、餐厅3.jpg、餐厅4.jpg、牛.jpg、蔬菜产地1.jpg、蔬菜产地2.jpg、小麦.jpg、鸭.jpg、羊.jpg、原料1.jpg、原料2.jpg），单击"打开"

按钮 打开(O) 将所有文件导入会声会影软件中，如图2-12所示。

> 提示
>
> 导入资源后，如果想更换资源，可通过选择"替换素材"命令快速实现。其方法是：在"视频"时间轴上选择资源，单击鼠标右键，在弹出的快捷菜单中选择"替换素材"中的"视频"或"照片"命令，打开"替换/重新链接素材"对话框，选择用于替换的资源，单击"打开"按钮 打开(O) 即可替换。

图2-12　导入图像和音频资源

步骤4　设置背景音乐。 拖曳"背景音乐"音频资源到"声音"轨道上，缩小时间轴。向左拖曳该素材右侧的黄色裁剪条，将背景音乐的时间长度调整为与上方对应的视频的时间长度一致。在添加的背景音乐上单击鼠标右键，在弹出的快捷菜单中分别选择"淡入音频"和"淡出音频"命令，为声音设置淡入和淡出效果，如图2-13所示。

图2-13　设置背景音乐

步骤5　调整图像顺序。 放大时间轴，依次将"餐厅1""餐厅2""餐厅3""餐厅4"

图像拖曳到"城市发展"视频的后面。按住【Ctrl】键，依次选择剩下的图像，并拖曳到"研究"视频的后面，如图 2-14 所示。

图 2-14　调整图像的顺序

步骤6　调整视频速度。在"视频"轨道上选择"地铁站"视频片段，单击鼠标右键，在弹出的快捷菜单中选择【速度】/【速度 / 时间流逝】命令，打开"速度 / 时间流逝"对话框，在其中设置"速度"为"300%"，单击"确定"按钮 确定 ，如图 2-15 所示。使用相同的方法将"加班""美食1""美食2""美食3"视频的速度调整为"300%"，将"城市发展""建筑""虚拟体验馆"视频的速度调整为"400%"。

步骤7　单击"字幕编辑器"按钮。在"视频"轨道上选择"地铁站"视频片段，然后在时间轴上方的工具栏中单击"字幕编辑器"按钮 T≡ ，如图 2-16 所示。

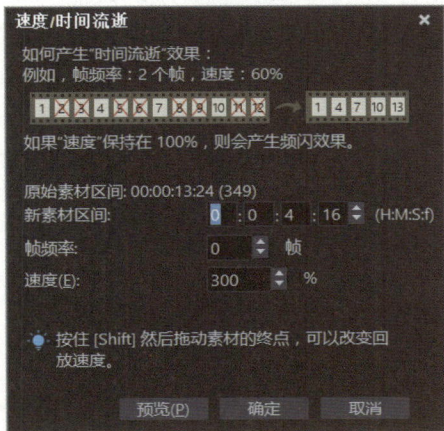

图 2-15　调整视频速度

图 2-16　单击"字幕编辑器"按钮

步骤8　设置字幕。打开"字幕编辑器"对话框，首先在左侧面板定位加入字幕的起始位置为"00:00:00:05"，然后单击工具栏中的"添加新字幕"按钮 ➕ 添加字幕，其默认显示时间为 3 秒，再在右侧的"字幕"文本框中输入文字"你是否每天都在这个繁忙的城市中来回穿梭？"，单击"文本选项"按钮 ▽ ，在打开的"文本选项"对话框中设置字体、字号、方向等参数，然后单击"确定"按钮 确定 ，返回"字幕编辑器"对话框，单击"确定"按钮 确定 ，如图 2-17 所示。

图 2-17　设置字幕

步骤 9　修改字幕显示时间。添加的字幕被自动插入"标题 1"轨道中，并跳转到"标题选项"设置面板。双击字幕标题，在预览界面中可修改字幕文字，在"编辑"选项卡中可更改字幕文字的字体格式。这里将文字显示时间设置为 4 秒，如图 2-18 所示。

图 2-18　修改字幕显示时间

步骤 10　设置字幕动画效果。在"编辑"选项卡中选择"运动"选项，选中"应用"复选框。在其后方的下拉列表框中选择"淡化"选项，设置淡化样式为"淡入"，在播放进度条上将图标▎向左移动，图标◣向右移动，增加字幕文字的停留时间，如图 2-19 所示。

图 2-19 设置字幕动画效果

步骤 11　添加字幕并复制字幕属性。在"加班"视频片段的起始处添加字幕，字幕文字为"你是否每天都在漆黑的夜里默默加班？"，设置时长为 3 秒。然后选择上一个字幕，单击鼠标右键，在弹出的快捷菜单中选择"复制属性"命令，如图 2-20 所示。

步骤 12　粘贴字幕属性。选择"加班"视频片段的字幕，单击鼠标右键，在弹出的快捷菜单中选择"粘贴所有属性"命令，为该字幕设置相同的动画效果，如图 2-21 所示。

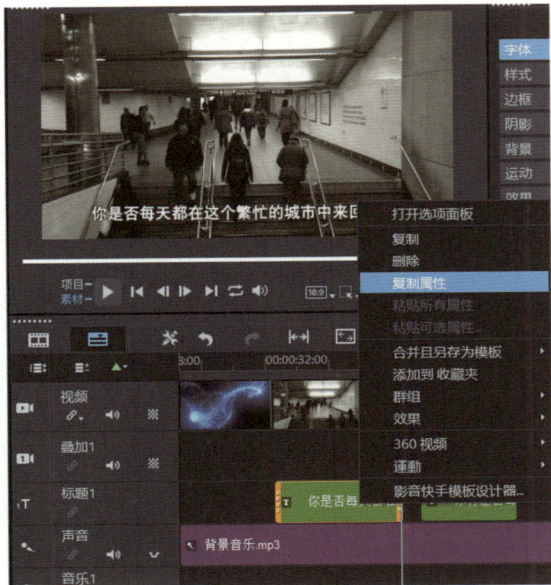

图 2-20 复制字幕属性

图 2-21 粘贴字幕所有属性

提示　选择"粘贴所有属性"命令可粘贴样式、动画、旋转、位置、滤镜和动作属性。如果单击鼠标右键，在弹出的快捷菜单中选择"粘贴可选属性"命令，可打开"粘贴可选属性"对话框，选择粘贴部分属性。

　　步骤 13　为"美食 1""餐厅视频"视频片段添加字幕和属性。在"美食 1"视频片段的起始处添加字幕，字幕文字为"在这样繁忙的生活中，你是否关注过自己的饮食健康？"，设置时长为 9 秒。在"餐厅视频"视频片段的起始处添加字幕，字幕文字为"你是否考虑过这些餐厅的卫生情况？"，设置时长为 7 秒，并为这两段视频设置与"加班"视频片段相同的字幕属性，如图 2-22 所示。

图 2-22　为"美食 1""餐厅视频"视频片段添加字幕和属性

　　步骤 14　为"城市发展"视频片段添加字幕并设置字幕属性。在"城市发展"视频片段的起始处添加字幕，字幕文字为"21 世纪，中国经济迅速发展，一个以'绿色、健康、科技、创新'为企业理念，旨在为用户提供健康的美食和愉悦的享受的创新型企业——食味科技有限责任公司，进入了大众的视野。自 2019 年成立以来，食味科技有限责任公司专注于探索全国各地的美食，并致力于将这些美食推荐给用户，在全国范围内拥有多家广受好评的餐厅。"设置时长为 26 秒。在"编辑"选项卡中为该字幕设置"飞行"的动画效果，并增加字幕文字的停留时间，如图 2-23 所示。

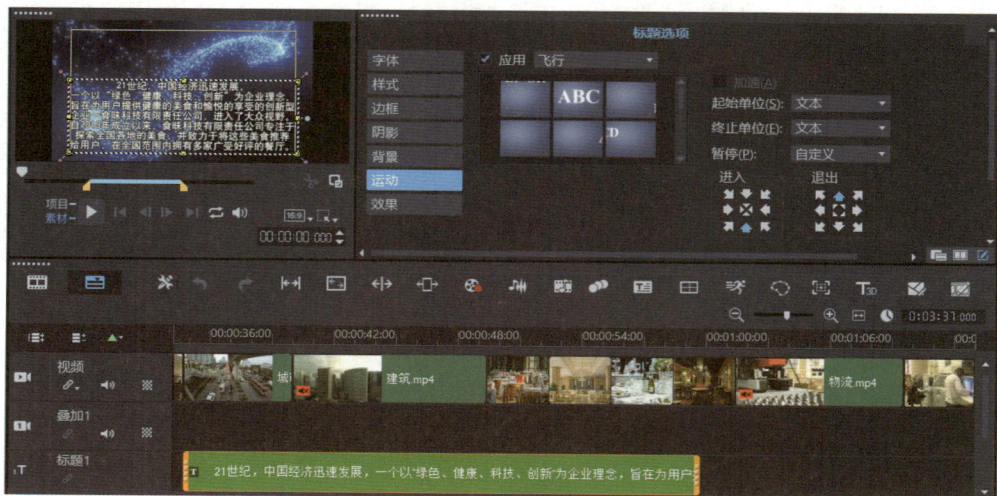

图 2-23　为"城市发展"视频片段添加字幕并设置字幕属性

步骤 15 为"物流"视频片段添加字幕并设置字幕属性。在"物流"视频片段的起始处添加字幕，字幕文字为"食味科技有限责任公司是集研发、加工和销售于一体的综合性企业，拥有雄厚的研发实力、先进的研发设备和专业的技术人员……"设置时长为 18 秒。为"物流"视频片段设置与"城市发展"视频片段相同的字幕属性，如图 2-24 所示。

图 2-24 为"物流"视频片段添加字幕并设置字幕属性

步骤 16 为"虚拟体验馆"视频片段添加字幕并设置字幕属性。在"虚拟体验馆"视频片段的起始处添加字幕，字幕文字为"2020 年，食味科技有限责任公司投入大量资金，利用 VR/AR 技术建立虚拟美食体验馆，让用户既可以享受美食，又可以感受到不同的视觉体验。"设置时长为 5 秒、字幕属性与"物流"视频片段相同，如图 2-25 所示。

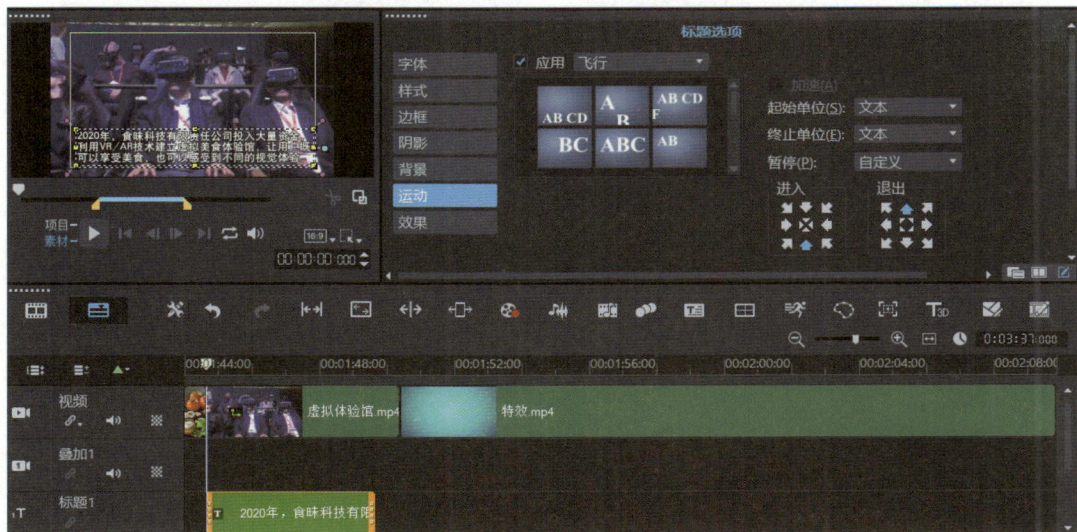

图 2-25 为"虚拟体验馆"视频片段添加字幕并设置字幕属性

步骤 17 为图像添加标题。在"视频"轨道上将"鸭""羊"图像拖曳到"牛"图像后面，选择"牛"图像。在"编辑"选项卡中单击"标题"按钮**T**切换到标题库面板，拖曳第 1 行第 2 个标题样式至"标题 1"轨道，如图 2-26 所示。

图 2-26　为图像添加标题

步骤 18　设置标题文字属性。向右拖曳标题右侧的黄色裁剪条，使其长度与上方"羊"图像的结尾对齐。双击"标题 1"轨道上的标题样式，然后双击窗口左上角预览界面中的标题对象，选中原标题内容，输入文字"原生态养殖"，字体大小设置为"60"。使用相同的方法快速制作与"蔬菜产地 1""蔬菜产地 2""小麦""原料 1""原料 2"图像对应的标题，标题内容为"原生态种植"，时长与"原料 2"图像一致，如图 2-27所示。

图 2-27　设置标题文字属性

3. 设置转场与特效

在会声会影软件中，为了让短视频的整体效果更加美观、自然，设计人员还需要为其设置转场和特效。具体操作如下。

步骤 1　添加转场效果。在"视频"轨道中选择"地铁站"视频片段，此时，将播放头定位到该片段的起始位置。在"编辑"选项卡中单击"转场"按钮

微课视频

设置转场与
特效

AB，在右侧的列表框中选择"胶片"选项，然后将"交叉"转场拖曳到"片头"和"地铁站"视频之间，使这两个视频在播放时出现交叉过渡的效果，如图 2-28 所示。

步骤 2　设置转场参数。 在"视频"轨道双击转场效果后，可在"转场"属性面板中设置转场时长、转场方向等参数，这里设置转场方向为"从中央开始"，如图 2-29 所示。

图 2-28　添加转场效果

图 2-29　设置转场参数

提示　　在"转场"属性面板中单击"对视频轨应用随机效果"按钮，可为视频片段添加随机的转场效果；单击"对视频轨应用当前效果"按钮，则可为视频片段添加当前选择的转场效果。

步骤 3　为"加班"视频片段添加转场效果。 单击"显示库面板"按钮切换到转场库面板，选择"加班"视频片段，在右侧的列表框中选择"过滤"选项，将"交叉淡化"转场效果拖曳到"加班"视频片段前，如图 2-30 所示。

图 2-30　为"加班"视频片段添加转场效果

　　步骤 4　为"美食 1""美食 2""美食 3"视频片段添加转场效果。选择"美食 1"视频片段，在右侧的列表框中选择"相册"选项，将"翻转"转场效果拖曳到"美食 1"视频片段前，在"视频"轨道双击"翻转"转场效果，设置柔化边缘为"弱"，如图 2-31 所示。使用相同的方法为"美食 2""美食 3"视频片段添加相同的转场效果。

图 2-31　为美食视频片段添加转场效果

　　步骤 5　为其他视频片段添加转场效果。在"餐厅视频"视频片段前添加"手风琴"转场效果；在"城市发展"视频片段前添加"分割"转场效果；在"建筑"视频片段前添加"渐进"转场效果；在"物流"视频片段前添加"星形"转场效果；在"研究"视频片段前添加"清除"转场效果；在"虚拟体验馆"视频片段前添加"断电"转场效果。添加完成后的时间轴面板如图 2-32 所示。

图 2-32　添加完成后的时间轴面板

　　步骤 6　为图像添加转场效果。在所有的图像前都添加"翻转"转场效果。添加完成后的时间轴面板如图 2-33 所示。

图 2-33　为图像添加转场效果

步骤 7　调整字幕时长和位置。为视频添加转场效果后，视频中的字幕与视频内容发生了错位，因此还需要在"标题 1"轨道中调整字幕的时长和位置。将第 1 段字幕移动到"00:00:07:01"位置处；将第 2 段字幕移动到"00:00:11:17"位置处，字幕时长为 2 秒；将第 3 段字幕移动到"00:00:14:14"位置处，字幕时长为 6 秒；将第 4 段字幕移动到"00:00:20:18"位置处；将第 5 段字幕移动到"00:00:28:19"位置处，字幕时长为 20 秒；将第 6 段字幕移动到"00:00:49:11"位置处，字幕时长为 16 秒；将第 7 段字幕移动到"00:01:06:16"位置处，字幕时长为 5 秒；将第 8 段字幕移动到"00:01:11:16"位置处，字幕时长为 10 秒；将第 9 段字幕移动到"00:01:22:16"位置处。

步骤 8　为"建筑"视频片段添加滤镜特效。在"视频"轨道中选择"建筑"视频片段，在"编辑"选项卡中单击"滤镜"按钮 **FX**，在右侧的列表框中选择"二维映射"选项，然后将"修剪"滤镜特效拖曳到"建筑"视频片段上，如图 2-34 所示。

图 2-34　添加滤镜特效

步骤 9　为"建筑"视频片段设置滤镜特效。在"视频"轨道中双击添加滤镜后的"建筑"视频片段，在"编辑"选项卡中设置"预设值"为第 2 行第 2 个，如图 2-35 所示。

图 2-35   设置滤镜特效

步骤 10   为其他视频片段添加滤镜特效。 使用相同的方法为"研究"视频片段添加"翻转"滤镜特效、为"虚拟体验馆"视频片段添加"改善光线"滤镜特效、为"地铁站"和"加班"视频片段添加"幻影动作"滤镜特效。为"城市发展"视频片段添加"镜像"滤镜特效，然后在"视频"轨道中双击"城市发展"视频片段，在"编辑"选项卡中设置"预设值"为第 2 行第 3 个，如图 2-36 所示。

图 2-36   为"城市发展"视频片段添加滤镜特效

步骤 11   为图像添加动作。 在"视频"轨道中选择"餐厅 1"图像，单击"编辑"选项卡右下角的"显示选项面板"按钮☑切换到选项面板，在其中选中"摇动和缩放"单选按钮，如图 2-37 所示。

步骤 12   设置动作。 在"摇动和缩放"下拉列表中选择第 1 行第 2 个样式，如图 2-38 所示。

步骤 13   为其他图像添加动作。 使用相同的方法为"餐厅 2""餐厅 3""餐厅 4"图像设置相同的"摇动和缩放"动作。在"视频"轨道中选择"牛"图像，单击鼠标右键，在弹出的快捷菜单中选择"自动摇动和缩放"命令，使用相同的方法为"鸭""羊""蔬菜产地 1""蔬菜产地 2""小麦""原料 1""原料 2"图像设置相同的动作。

图 2-37 为图像添加动作

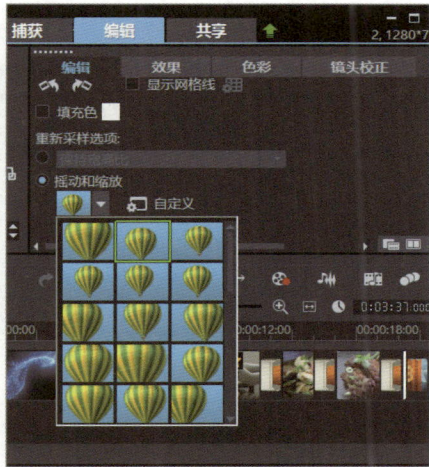

图 2-38 设置动作

4. 制作片头和片尾

在会声会影软件中可为视频设置片头和片尾，片头和片尾类似于一本书的封面和封底。片头是观众首先看到的内容，它能影响观众对短视频的第一印象。片尾是观众对短视频最后的印象，会加深观众对短视频的记忆，因此可对短视频内容做简单的总结。下面使用之前导入的视频资源文件制作片头，再利用素材库中的媒体文件制作片尾。具体操作如下。

> 微课视频
>
> 制作片头和片尾

步骤 1 调整"片头"视频速度。在"视频"轨道中选择"片头"视频片段，设置"片头"视频片段的"速度"为"400%"，单击"确定"按钮 确定 ，如图 2-39 所示。

步骤 2 调整标题文字时长。将播放头定位到"00:00:01:00"位置处，在"编辑"选项卡中单击"标题"按钮 T 切换到标题库面板，拖曳第 3 行第 1 个标题样式至"标题 1"轨道，然后向右拖曳标题右侧的黄色裁剪条，使其长度与上方"片头"视频片段的结尾对齐，如图 2-40 所示。

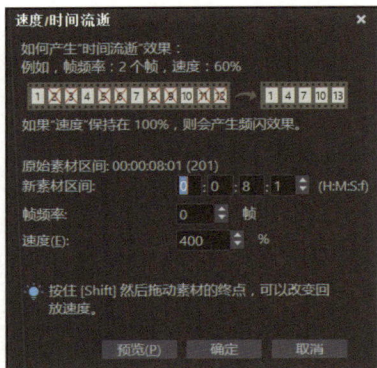

图 2-39 调整视频速度

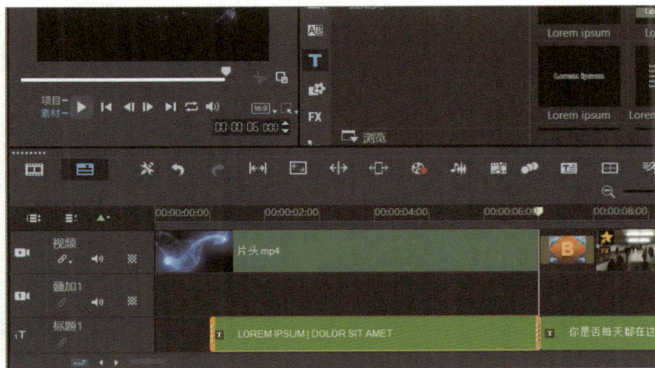

图 2-40 调整标题文字时长

步骤 3 设置标题文本属性。在"标题 1"轨道中双击标题文字，预览界面中将显示标题文本框，同时打开"编辑"选项卡，将标题文本框中的主标题修改为"食味科技有限责任公司"，设置字体为"汉仪醒示体简"、字号为"72"；将副标题修改为"2021 年 5 月

11 日"，设置字体为"Arial"、字号为"42"，如图 2-41 所示。

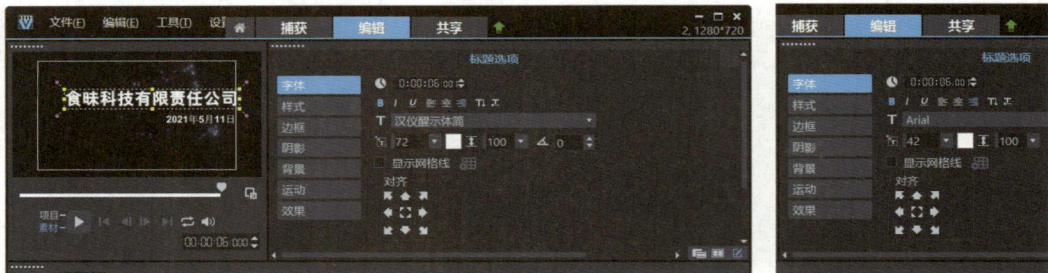

图 2-41　设置标题文本属性

步骤 4　调整标题文字位置。 在预览界面中选择文本框，拖曳调整主标题文本框和副标题文本框的位置。

步骤 5　调整副标题文字。 在预览界面中选择副标题文本框，在"编辑"选项卡中选择"运动"选项，在"应用"复选框后的下拉列表框中选择"移动路径"选项，如图 2-42 所示。在下方的样式中选择第 2 种，在预览界面下方加长标题的静止时间。至此，片头制作完成，接下来制作片尾。

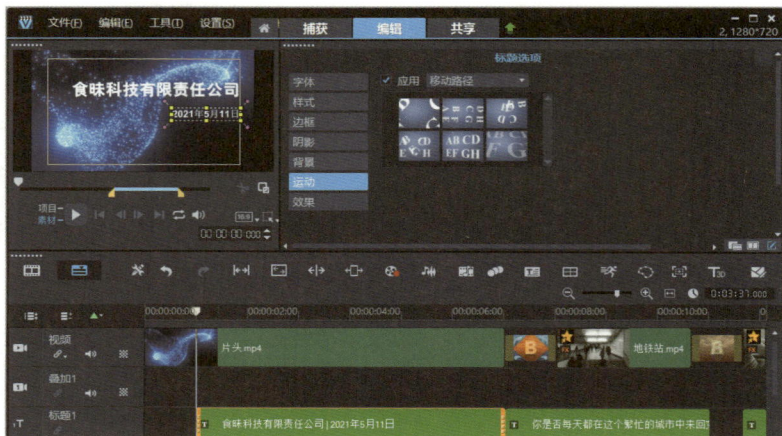

图 2-42　调整副标题文字

> **提示**
>
> 设置运动效果时，在预览界面中的播放进度条上将显示 和 两个图标。其中，图标 前的部分为标题进入时的时间长度，图标 后的部分为标题退出时的时间长度；中间的蓝色部分为标题静止时的时间长度。通过拖曳这两个图标可以调整各部分的时间长度。

步骤 6　调整"特效"视频速度。 在"视频"轨道中选择"特效"视频片段，设置该视频片段的速度为"200%"，单击"确定"按钮 确定 。

步骤 7　添加素材库中的文件。 将播放头定位在"00:01:27:015"位置处，单击"媒体"按钮 切换到素材库面板，选择"图像"选项，打开会声会影素材库中的默认图像，在素材库中选择"BG-C01.jpg"素材文件，将其拖曳到"叠加 1"轨道播放头后面，在预览界面中选择图像并向左移动，如图 2-43 所示。

图2-43　添加素材库中的文件

步骤8　设置素材文件的进入动作和退出动作。单击"编辑"选项卡右下角的"显示选项面板"按钮 ✎ 切换到选项面板；在"基本动作"单选按钮下方设置"进入"动作为"从左边进入"，"退出"动作为"从左边退出"，如图2-44所示。

步骤9　设置素材文件的运动效果。继续在选项面板中设置图像的显示时间为2秒，选中"应用摇动和缩放"复选框，在其下方的下拉列表中选择第2行第2个样式，如图2-45所示。

图2-44　设置素材文件的进入动作和退出动作

图2-45　设置素材文件的运动效果

步骤10　再次添加素材库中的文件。将播放头定位到"00:01:29:015"位置处，在素材库中选择"BG-C02.jpg"素材文件，将其拖曳到"叠加1"轨道播放头的后面。

步骤11　设置图像文件的显示时间。在"叠加1"轨道选择"BG-C01"图像文件，单击鼠标右键，在弹出的快捷菜单中选择"复制属性"命令。选择"BG-C02"图像文件，单击鼠标右键，在弹出的快捷菜单中选择"粘贴所有属性"命令，并设置"BG-C02"图像的显示时间为2秒。

步骤12　添加其他图像文件并设置图像文件显示时间。使用相同的方法将素材库中的"BG-C03.jpg""BG-C04.jpg"素材文件添加到"叠加1"轨道中，并设置与前面相同的动作属性和显示时间，如图2-46所示。

图 2-46　添加其他图像文件并设置图像文件显示时间

步骤 13　调整标题文字的显示时长。将播放头定位到"00:01:27:016"位置处，在"编辑"选项卡中单击"标题"按钮 T 切换到标题库面板，拖曳第 1 行第 5 个标题样式至"标题 1"轨道，然后向右拖曳标题右侧的黄色裁剪条，使其长度与上方"特效"视频片段的长度一致。

步骤 14　调整音频的显示时长。向左拖曳"声音"轨道中的"背景音乐"，使其与上方"特效"视频片段的长度一致。

步骤 15　添加并设置片尾文字。在"标题 1"轨道双击标题样式，修改标题内容为"欢迎加入食昧 和食昧一起 探索健康美食！"，设置字体大小为"62"，行间距为"120"。选择"运动"选项，设置标题的显示区间，如图 2-47 所示。

图 2-47　添加并设置片尾文字

5. 发布数字媒体作品

视频制作完成后，由于不同的场合或平台，对视频质量、视频文件大小和视频文件格式等的要求会有所不同，因此需要将其输出为不同格式的视频文件，如用于存放到计算机中的文件格式，用于保存到 DV、HDV 等设备中的文件格式，以及用于上传到网络中的文件格式。下面把剪辑完成的视频导出为 MP4 格式，并存放于计算机中。具体操作如下。

微课视频

发布数字媒体
作品

步骤 1　选择视频输出格式。 选择"共享"选项卡，选择"自定义"选项，然后在"格式"下拉列表中选择"MPEG-4[*.mp4]"选项，设置输出为 MPEG-4 标准下的 MP4 格式，如图 2-48 所示。

步骤 2　设置输出的视频比例。 单击"格式"下拉列表右侧的"选项"按钮🔧，打开"选项"对话框，在"常规"选项卡的"显示宽高比"下拉列表中选择"16:9"选项，单击"确定"按钮 确定 ，如图 2-49 所示。

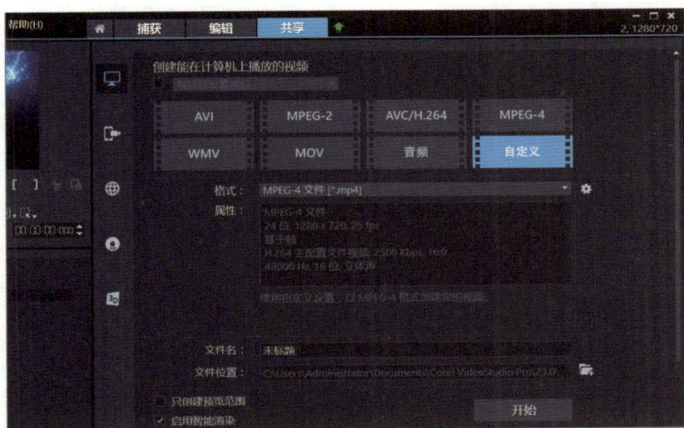

图 2-48　选择视频输出格式

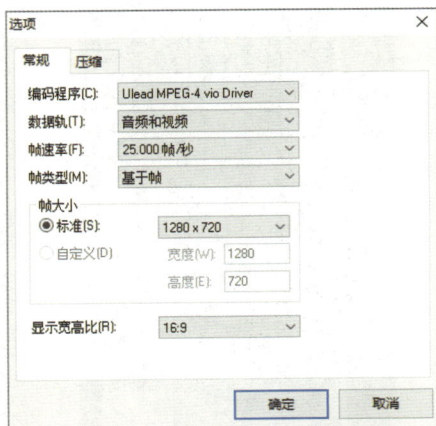

图 2-49　设置输出的视频比例

资源链接　用户既可以在会声会影软件中将视频导出到计算机中，又可以将视频输出到社交网站，或用于刻录光盘等，以满足不同的设计需求。参见配套资源中的"电子活页"文档内容，了解常见的视频输出尺寸。

电子活页

常见的视频输出尺寸

步骤 3　导出视频。 返回导出视频窗口，在"文件名"和"文件位置"文本框中设置导出视频的文件名称和存放位置，然后单击"开始"按钮 开始 ，开始导出文件。会声会影软件将按照设置的参数渲染文件，完成后将打开提示对话框，单击"OK"按钮 OK 即可。完成导出后，视频文件被添加到素材库中，如图 2-50 所示（配套资源：效果\模块二\企业宣传短视频 .mp4）。

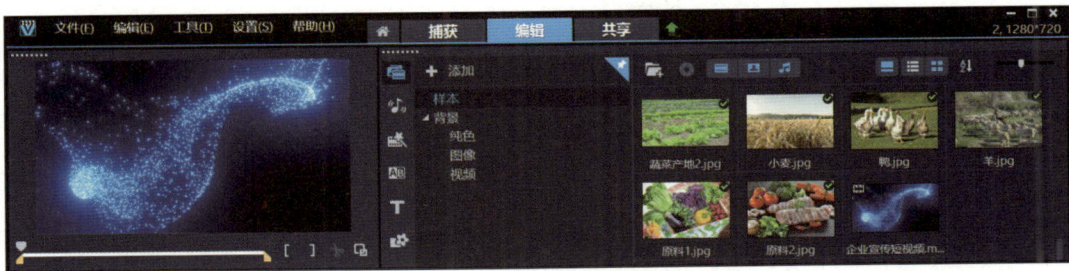

图 2-50　导出视频

步骤 4　进入短视频拍摄界面。 首先启动抖音短视频，进入抖音短视频的主界面，点击主界面中间的图标➕。进入抖音短视频的拍摄界面，因为短视频已经制作完成，所以这里直接选择界面右下角的"相册"选项，如图 2-51 所示。

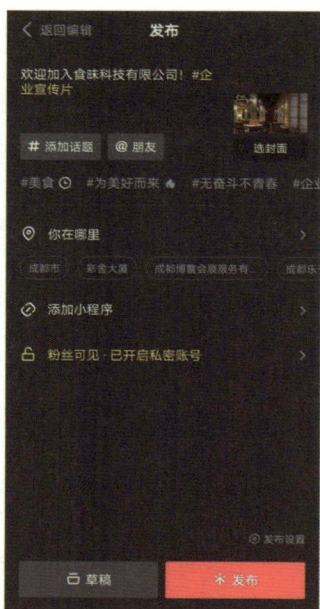

步骤 5　发布短视频的操作。打开手机的照片图库，选择前面制作完成的短视频，打开短视频预览界面，点击"下一步"按钮 下一步 ，进入"发布"界面，在"视频描述"文本框中输入文本"欢迎加入食昧科技有限公司！"；点击"添加话题"按钮，选择"# 企业宣传片"话题；点击"发布"按钮 发布 ，如图 2-52 所示。

步骤 6　发布短视频。抖音短视频平台将对该短视频进行审核，审核通过即可将该短视频发布到平台中，如图 2-53 所示。

图 2-51　进入短视频拍摄界面	图 2-52　发布短视频的操作	图 2-53　查看发布后效果

资源链接

会声会影软件提供多种输出方式，以满足用户的不同需要。参见配套资源中的"电子活页"文档内容，了解会声会影软件中不同的视频输出方式。

电子活页

不同输出方式详解

课堂笔记

任务 5 制作 VR 全景漫游的前期准备

目前 VR/AR 的应用领域十分广泛。翻转实物卡牌，在虚拟场景中完成物理实验；身处 VR 体验室，接受沉浸式安全教育……近年来，我国虚拟现实产业加速发展、赋能千行百业。一系列 VR/AR 产品，如 VR 全景漫游、AR 大屏互动、AR 虚拟试衣、4D 数字影院等，为各行各业带来了新的发展机遇。本模块中的食昧科技有限责任公司为了进一步提高企业的知名度，决定制作 VR 全景漫游，让用户如同身临其境般感受企业内部形象，同时通过数字化的互动展示，使用户获得人机交互的沉浸式体验，让企业信息得到更加有效的传递。设计人员在制作前需要进行 VR 全景漫游的前期准备。

1. 选择 VR 全景拍摄主流设备

制作 VR 全景漫游时需要导入全景图像或全景视频，因此在 VR 全景漫游的前期准备中需要选择 VR 全景拍摄主流设备。设计人员需要根据对全景质量和用途的不同要求进行合理选择。

- 全景摄像机。全景摄像机是指可以独立实现大范围无死角拍摄的摄像机。随着全景技术的日益成熟，全景摄像的门槛被进一步降低，因此很多手机厂商和传统相机厂商针对普通大众，推出了消费级全景摄像机，如华为全景摄像机、GoPro Fusion 全景摄像机、Insta360 ONE 全景摄像机等。图 2-54 所示为 Insta360 ONE 全景摄像机。相较于消费级全景摄像机，专业级全景摄影机拥有更强大的性能以及拍摄效果，主要针对专业的全景制作者或制作团队，其售价更高，如诺基亚 OZO 全景摄影机、TE720 PRO 全景摄影机、Insta360 Pro 全景摄像机、Jaunt One 全景摄像机等。图 2-55 所示为 Insta360 Pro2 全景摄像机。

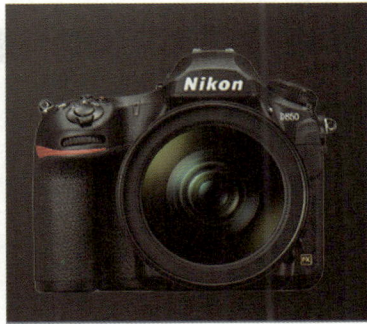

- 数码单反相机。数码单反相机拍摄出来的图像清晰度较高，但不能直接拍摄出全景图像，需要后期用计算机合成拼接。如尼康全画幅系列 D850、D810、D800 等。图 2-56 所示为尼康 D850 相机。

图 2-54　Insta360 ONE 全景摄像机　　图 2-55　Insta360 Pro2 全景摄像机　　图 2-56　尼康 D850 相机

- 三脚架。三脚架是用来稳定相机的一种支撑架，用于达到某些摄影效果，如拍摄星空轨迹时需要长时间曝光，就需要使用三脚架来稳定相机。

- 鱼眼镜头。鱼眼镜头是一种焦距为 16mm 或更短的并且视角接近或等于 180 度的超广角镜头，其拍摄范围超出了人眼所能看到的范围。鱼眼镜头在保证完美画质的同时，可以大大提升全景拍摄的效率，同时简化后期画面拼接的难度。图 2-57 所示为鱼眼镜头。

- 全景云台。全景云台拥有 360 度刻度的水平转轴，可以使安装相机的支架部分进行水平 360 度的旋转，保证每个方向的拍摄始终保持在一个中心点上，从而减少因视差造成的拍摄物体画面不一致而导致的拼接缝隙问题。图 2-58 所示为全景云台。
- 航拍飞行器。航拍飞行器是一种由无线电遥控设备或自身程序控制装置操纵的无人驾驶飞行器。可以运用在 VR 领域的全景图像和全景视频的拍摄中，如图 2-59 所示。现在市场上影响力较大的航拍飞行器品牌主要有 DJI、3D Robotics、Asc Tec、Parrot、零度等。

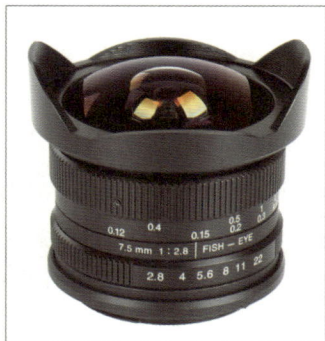

图 2-57　鱼眼镜头　　　　图 2-58　全景云台　　　　图 2-59　航拍飞行器

2. 选择 VR 全景漫游制作平台

随着 VR/AR 技术的迅猛发展，依托 VR 技术的 VR 全景漫游在日常工作和生活中的运用日益突出，VR 全景漫游制作平台逐渐增多。一般来说，制作 VR 全景漫游主要通过两种方式，一种是在 VR 全景漫游制作平台上进行在线制作，另一种是通过平台的线下客户端软件进行离线制作。本任务主要讲解通过百度 VR 平台的 VR 编辑管理系统进行在线制作。使用百度 VR 平台的 VR 编辑管理系统可以简单、高效地进行在线编辑、制作 VR 全景漫游，同时还可以给作品生成网页链接、将二维码分享给他人，也可一键分享至 QQ、微博等社交平台。图 2-60 所示为 VR 编辑管理系统界面。

图 2-60　VR 编辑管理系统界面

3. 拍摄全景图像

全景图像是指以某个点为中心进行水平 360°和垂直 180°拍摄的图像。设计人员制作 VR 全景漫游前需要先了解和拍摄全景图像，有了全景图像才能进行后续操作。全景图像作为制作 VR 全景漫游必不可缺的元素，其拍摄方式有很多种，这里主要介绍 3 种方式。

（1）相机拍摄全景图像

这里的相机拍摄全景图像主要是指使用数码单反相机＋鱼眼镜头＋三脚架＋全景云台组合进行 360°的实地或实物拍摄。下面简单介绍拍摄步骤。

步骤 1　选择合适的拍摄场地。全景图像涵盖 360°的完整场景，因此为了获取更多的场景信息，在选择全景图像的拍摄场地时，一般选择视野开阔的高点或场景中间的位置。

步骤 2　组装拍摄设备。为了保持拍摄全景图像时的稳定，需要将三脚架架设在全景云台的底部转台部分，将三脚架放置平稳，然后将准备好的相机安装在全景云台上面。注意要拧紧所有连接部位，旋转角度测试其稳定性，如图 2-61 所示。

图 2-61　组装拍摄设备

步骤 3　调整全景云台节点。根据不同相机、不同镜头的特性对全景云台进行节点校准，以保证拍摄出的全景图像不会出现错位问题。具体校准方法请参见全景云台说明书。

步骤 4　拍摄全景图像。节点标准完成后即可开始拍摄全景图像。先将相机围绕中轴进行 360°旋转拍摄，此时需要根据鱼眼镜头的广度决定拍摄全景图像的数量。这里以佳能 EOS 10D 和 Sigma 8mm 鱼眼镜头加 JTS-Rotator SPH 全景云台为例，得到的图像是鼓形鱼眼图。这一组配置所拍摄的全景图像视角范围可在 115°左右，因此需要水平拍摄 4 张全景图像，且每张全景图像需要有一定的重合度，以便于后期拼图，如图 2-62 所示。注意在拍摄时如要减少振动，可用自动拍摄或快门线。

步骤 5　拼接全景图像。为了可以全方位观看全景图像，后期还需要使用软件对全景图像进行拼接，如 Lightroom、Photoshop、造景师、PTGui Pro 等。图 2-63 所示为拼接后的全景图像。

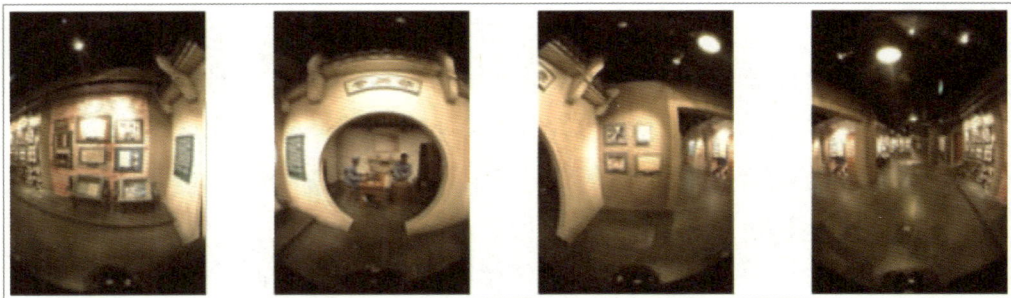

图 2-62　拍摄全景图像

图 2-63　拼接后的全景图像

> **提示**
>
> 　　除了上述方法外，也可以不用鱼眼镜头，直接用普通镜头进行拍摄，每个摄像头拍摄固定角度的图像。需要注意的是，在拍摄时两相邻图像之间要有重叠部分，范围在 25%~50%。普通镜头的视角范围较小，因此需要大量普通图像才能最终拼接全景图像，这样就会加大拍摄普通图像时的工作量。

（2）全景摄像机拍摄全景图像

使用全景摄像机拍摄全景图像的方式较为简单。下面以 Insta360 ONE 全景摄像机为例介绍拍摄全景图像的方法。先打开 Insta360 ONE 摄像机，在手机上启动与 Insta360 ONE 摄像机配套的相机固定配套软件，连接到 Insta360 ONE 摄像机，在拍摄页点击快门即可拍摄。拍摄完毕后，直接在手机相册中可查看拍摄内容。

（3）手机拍摄全景图像

为了满足移动端用户拍摄全景图像的需要，很多手机自带全景图像拍摄功能。其拍摄方式较为简单，首先打开手机的相机功能，选择全景拍摄模式，然后点击快门，再按照屏幕上指示箭头的方向缓慢移动手机。移动过程中手机屏幕上有提示方向的图标及进度条。当进度条到达底部时，手机会自动将拍摄的画面拼接成一张全景图像，拍摄完成后可直接到手机相册中查看。

> **提示**
>
> 　　除了利用全景图像制作 VR 全景漫游外，还可以利用全景视频进行制作。其操作方法为：将拍摄的全景视频导入 PR 或 AE 软件中，对全景视频进行剪辑；添加 VR 滤镜、VR 转场等效果，增加全景视频的美观度，然后导出全景视频；最后将导出的全景视频导入 VR 全景漫游制作平台中制作 VR 全景漫游或 VR 视频。

任务 6 制作 VR 全景漫游作品

了解拍摄全景图像相关知识后，即可制作 VR 全景漫游作品。本例选择在百度 VR 平台中进行制作。

1. 搭建漫游场景

VR 全景漫游的特点是能够实现从一个场景进入另外一个场景中，因此制作 VR 全景漫游的第一步是先搭建漫游场景。具体操作如下。

步骤 1　进入百度 VR 平台。 进入"百度 VR"官方网站，在"百度 VR"网站中向下滑动，单击"VR 编辑管理系统"中的"免费试用"按钮，如图 2-64 所示。

微课视频

搭建漫游场景

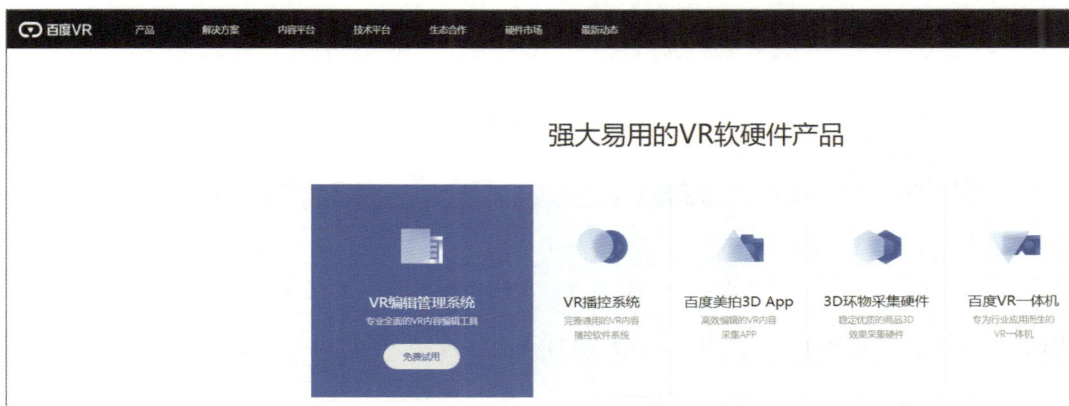

图 2-64　进入百度 VR 平台

步骤 2　进入 VR 编辑管理系统编辑界面。 进入百度 VR 平台的登录界面，用百度账号或微信账号登录 VR 编辑管理系统，即可进入 VR 编辑管理系统界面。单击界面左上角的"创建作品"按钮　，在打开的"请选择创建的作品类型"对话框中单击"全景图作品"选项卡，如图 2-65 所示。

图 2-65　进入 VR 编辑管理系统界面

步骤 3　导入图像。 在打开的"选取素材"对话框中单击"上传素材"按钮，打开"打开"对话框，在其中选择需要的全景图像（配套资源：素材\模块二\全景图像\办公区域 1.jpg、办公区域 2.jpg、办公区域 3.jpg、俯视图 .jpg、会议室 .jpg、前台 .jpg、休闲区 .jpg、研究室 .jpg），单击"打开"按钮 打开(0) 。返回"选取素材"对话框，在其中依次选中刚才导入的图像，然后单击"编辑"按钮 编辑（8），如图 2-66 所示。

图 2-66　导入图像

步骤 4　场景分组管理。进入"VR 编辑管理系统"的编辑界面，在左侧"场景"导航区中单击"默认一级分组"栏右侧的按钮≡，在打开的下拉列表中选择"重命名"选项，在文本框中修改名称为"主场景"。再次单击按钮≡，在打开的下拉列表中选择"新建二级分组"选项，并将其重命名为"企业外观"。使用同样的方法再次新建二级分组并将其重命名为"企业内部"。选择"俯视图"全景图像，按住鼠标左键不放将其拖曳到"企业外观"组中，将其余全景图像拖曳到"企业内部"组中，如图 2-67 所示。

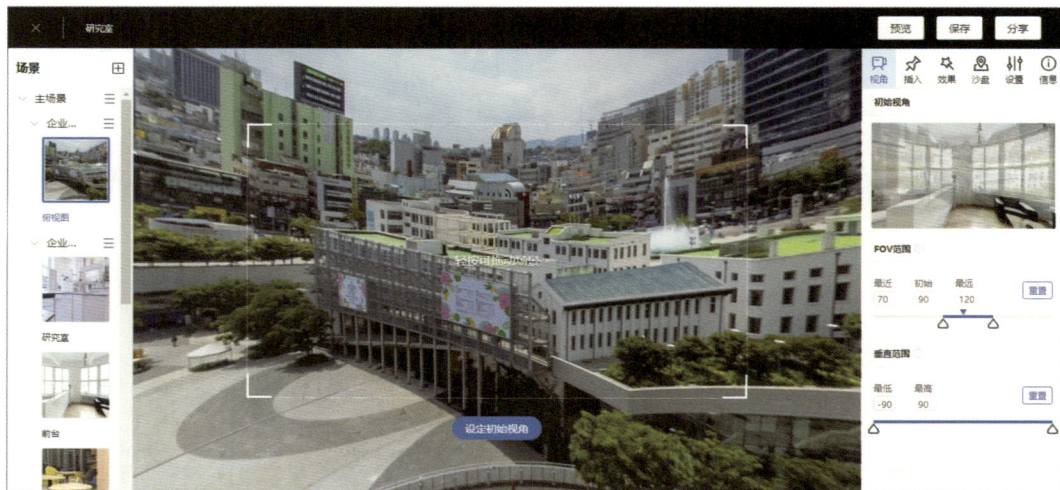

图 2-67　场景分组管理

步骤 5　调整"俯视图"图像初始视角。在左侧"场景"导航区中选择"俯视图"全景图，在右侧功能操作区的"视角"选项卡中拖曳"FOV范围"选项中的滑块，调整初始视角的远近距离。在内容预览区按住鼠标左键不放轻轻拖曳全景图，调整视图角度，将初始视角置于选框中，并单击下方的"设定初始视角"按钮 设定初始视角 ，在右侧功能操作区的"视角"选项卡中可看到当前场景的初始画面，如图2-68所示。

图2-68 调整"俯视图"图像初始视角

步骤6 调整"研究室"图像初始视角。 在左侧场景导航区中选择"研究室"全景图，在内容预览区拖曳全景图调整初始视角，单击"设定初始视角"按钮 设定初始视角 ，在右侧功能操作区的"视角"选项卡中拖曳"FOV范围"选项中的滑块，调整初始视角的远近距离，如图2-69所示。

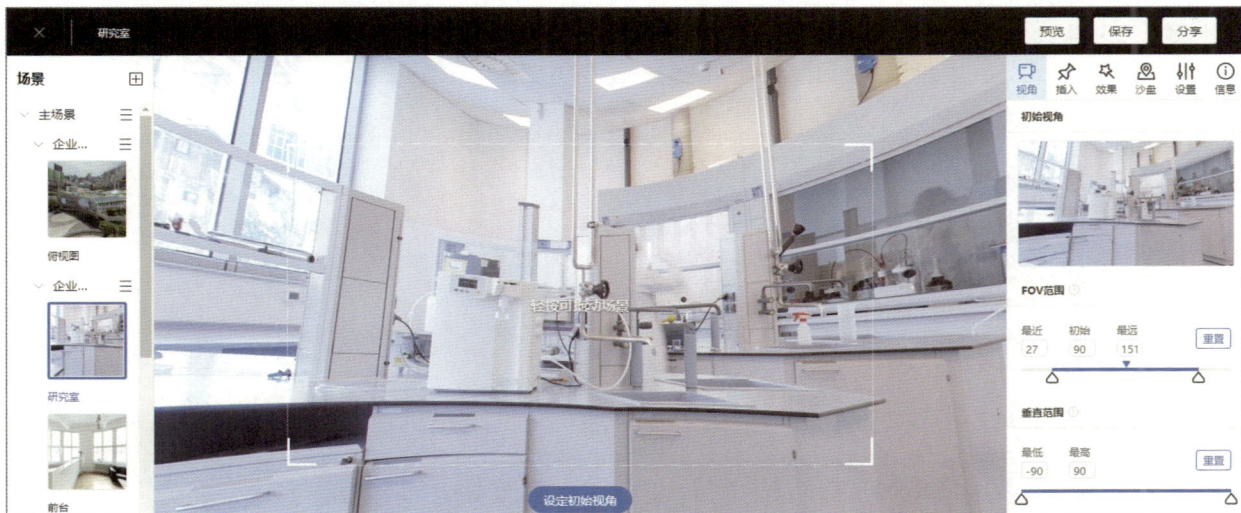

图2-69 调整"研究室"图像初始视角

步骤7 调整其他图像初始视角。 使用相同的方法依次调整"前台""休闲区""会议室""办公区域1""办公区域2""办公区域3"全景图的初始视角以及初始视角的远近距离，如图 2-70 所示。

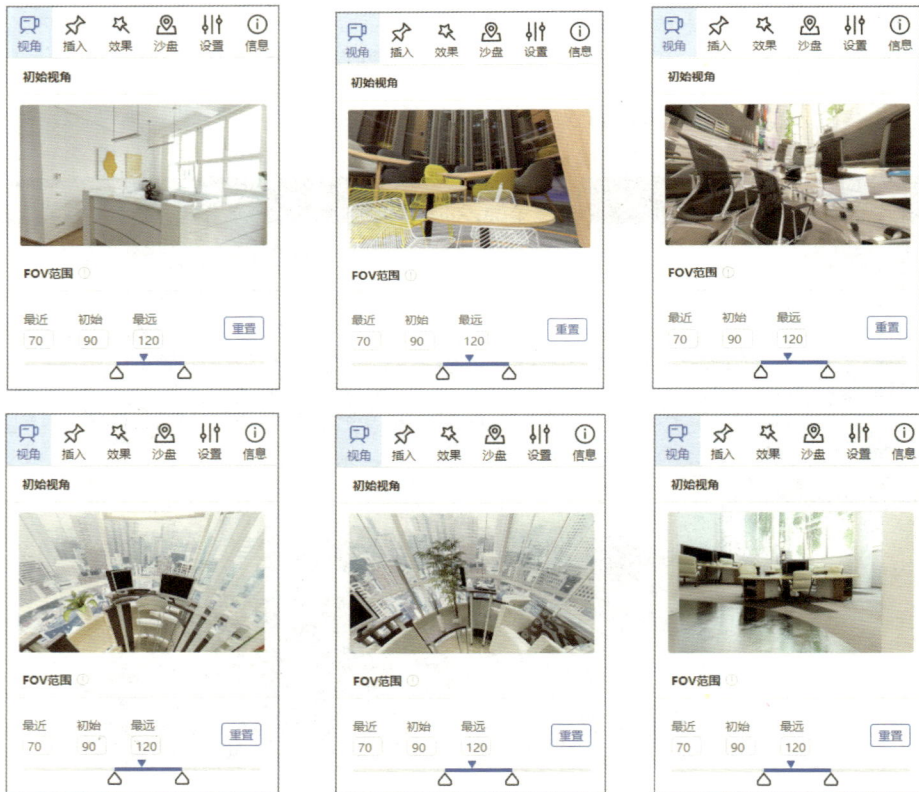

图 2-70　调整其他图像初始视角

步骤 8　调整场景展示顺序。在左侧"场景"导航区中拖曳"企业内部"组中的场景封面图至合适的位置，调整顺序为"前台""办公区域 1""办公区域 2""办公区域 3""会议室""研究室""休闲区"。

步骤 9　预览效果。在编辑界面右上角单击"预览"按钮 预览 ，查看搭建漫游场景后的效果，如图 2-71 所示。完成后关闭预览界面。

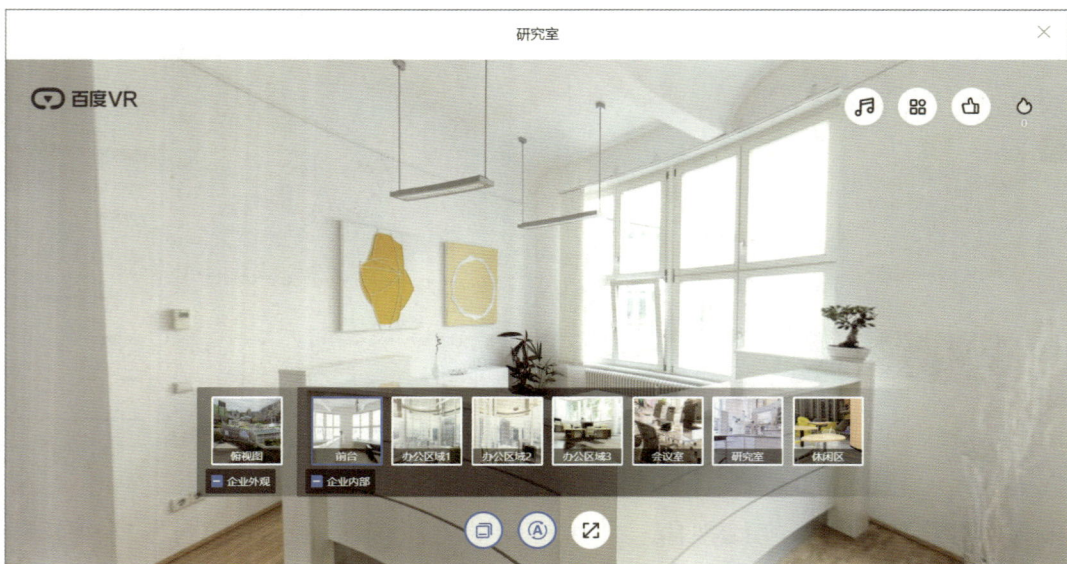

图 2-71　预览效果

2. 编辑漫游路径

场景搭建完成后，还需要为一些场景添加路径，这样才能实现从一个场景到另一个场景的变化效果。具体操作如下。

步骤 1　为"俯视图"图像添加热点。 在左侧"场景"导航区中选择"俯视图"全景图，在右侧功能操作区中单击"插入"选项卡，单击"添加热点"按钮 `+ 添加热点` ，在打开的下拉列表中选择"标签热点"选项，在"热点图标"栏下方选择图标样式为第 2 排第 1 个，在内容预览区选择标签热点，并按住鼠标左键不放调整位置，在"热点名称"栏下方的文本框中输入热点名称为"食味科技有限责任公司"，单击"确认"按钮 `确认` ，如图 2-72 所示。

图 2-72　为"俯视图"图像添加热点

步骤 2　为 VR 全景漫游添加背景音乐。 继续在"插入"选项卡中选择"音乐"选项卡，单击"背景音乐"选项右侧的按钮⊞，打开"打开"对话框，在其中选择需要的背景音乐（配套资源：素材\模块二\背景音乐.mp3），单击"打开"按钮 `打开(O)` ，将背景音乐上传至界面中。在"背景音乐"选项下方向左拖曳背景音乐的音量滑块，调整音量为"78"，并单击"全部应用"按钮 `全部应用` ，即可将背景音乐应用在所有场景中，如图 2-73 所示。

图 2-73　为 VR 全景漫游添加背景音乐

步骤 3　为"前台"图像添加热点。 在左侧"场景"导航区中选择"前台"全景图，在右侧功能操作区中选择"插入"选项卡，使用同样的方法为该全景图插入"场景切换热点"，选择图标样式为第 1 排第 4 个。

步骤 4　设置"前台"图像热点名称。 在内容预览区按住鼠标左键不放向左拖曳全景图，将视图角度和"场景切换热点"都调整到全景图中的走廊位置，在"热点名称"栏下方的文本框中输入热点名称为"去往办公区域"，如图 2-74 所示。

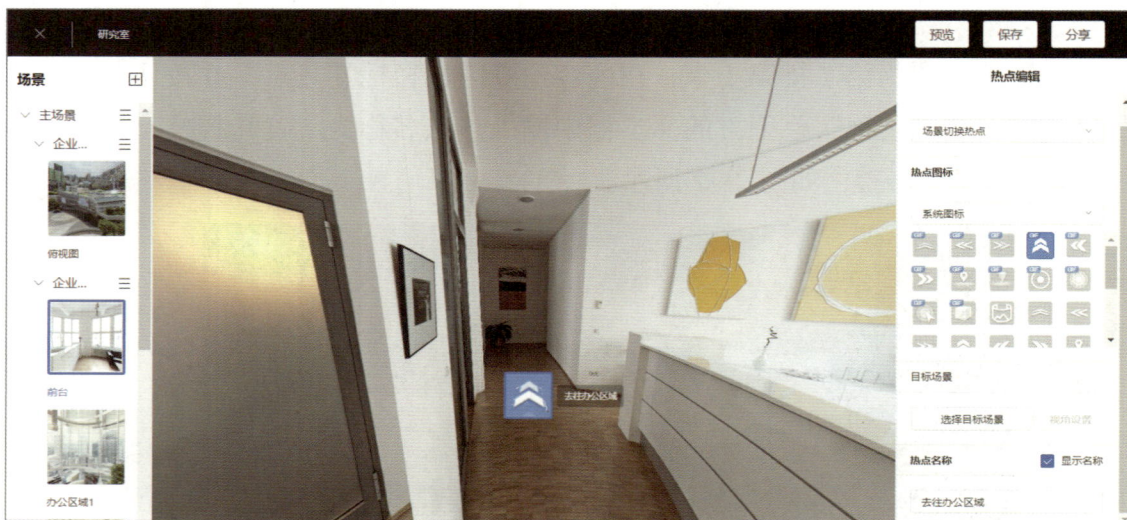

图 2-74　设置"前台"图像热点名称

步骤 5　选择场景并设置合适的视角。 单击"选择目标场景"按钮 选择目标场景 ，打开"选择场景"对话框，在其中选择"办公区域 1"全景图，单击"确定"按钮 确定 ，如图 2-75 所示。返回编辑界面，在右侧功能操作区中单击"视角设置"按钮 视角设置 ，打开"设定视角"对话框，在其中的内容预览区按住鼠标左键不放向左拖曳全景图，选择一个合适的视角，单击"应用"按钮 应用 ，如图 2-76 所示。再次返回编辑界面，在右侧功能区单击"确认"按钮 确认 。

图 2-75　选择场景

图 2-76　设置合适的视角

步骤 6　为"办公区域 1"图像插入并设置热点。 在左侧"场景"导航区中选择"办公区域 1"全景图，在右侧功能操作区中选择"插入"选项卡，使用同样的方法为该全景图添加"文本热点"，选择热点的图标样式为第 3 排第 1 个，在内容预览区移动热点到合适位置，在右侧功能操作区中设置热点名称为"办公区域1"，在"文本内容"栏下方的文本框中输入"阳光透过落地的玻璃窗，照在办公室的绿植上，为整个办公环境都增添了许多生机"，单击"确认"按钮 确认 ，如图2-77所示。

图2-77　为"办公区域1"图像插入并设置热点

步骤7　为"办公区域2"图像插入并设置热点。 在左侧"场景"导航区中选择"办公区域2"全景图，使用同样的方法为其插入与"办公区域1"相同的热点图标，并移动热点位置，同时设置热点名称为"办公区域2"，"文本内容"为"开阔的视野让你每天都能怀着愉悦的心情工作"，单击"确认"按钮 确认 ，如图2-78所示。

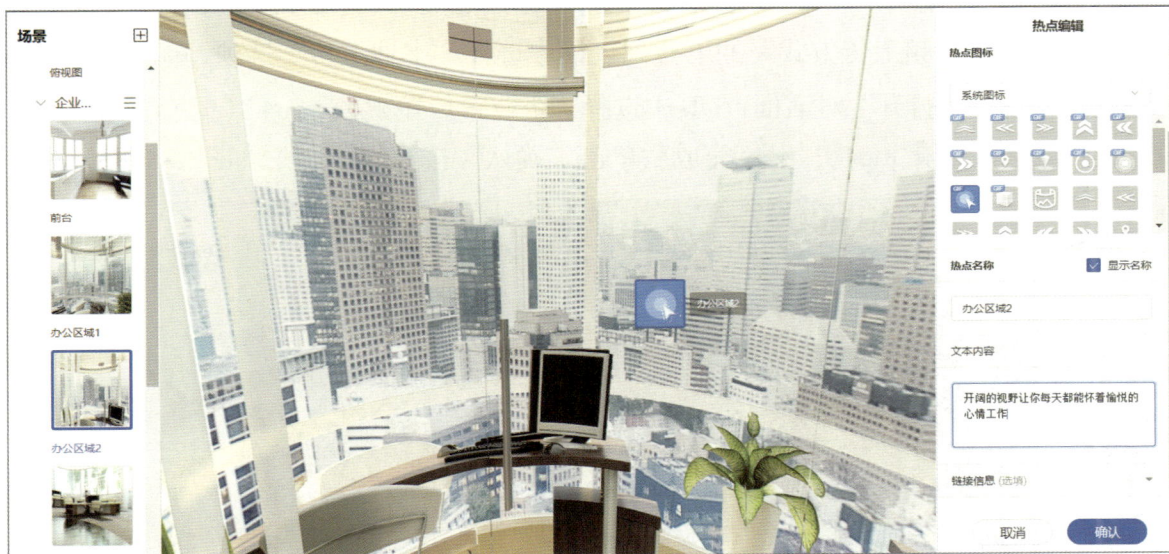

图2-78　为"办公区域2"图像插入并设置热点

步骤8　为"办公区域3"图像插入并设置热点。 在左侧"场景"导航区中选择"办公区域3"全景图，为其插入"场景切换热点"，选择图标样式为第1排第5个。调整视图角度和"场景切换热点"到合适位置，设置热点名称为"去往会议室"，并设置目标场景为"会议室"，单击"确认"按钮 确认 ，如图2-79所示。

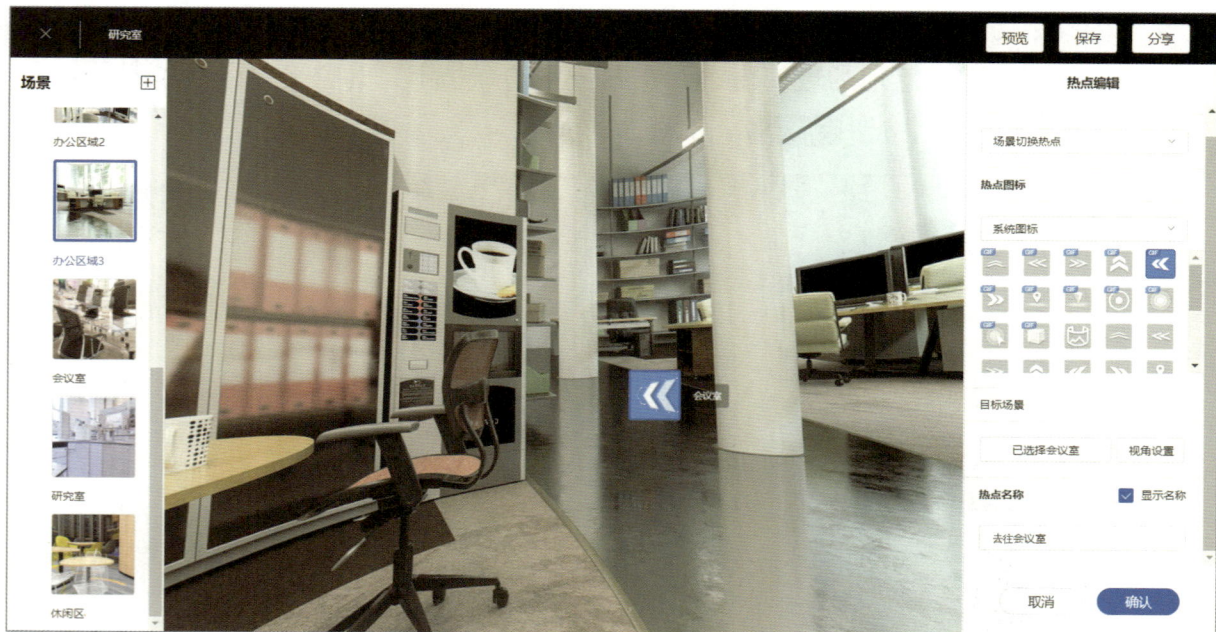

图 2-79　为"办公区域 3"图像插入并设置热点

　　步骤 9　为"会议室"和"研究室"图像插入并设置热点。使用同样的方法为"会议室""研究室"全景图插入"标签热点"，设置图标样式都为第 2 排第 1 个。调整视图角度和"场景切换热点"到合适位置。设置"会议室"热点名称为"宽敞明亮的会议室"，设置"研究室"热点名称为"设备齐全的研究室"。

　　步骤 10　为"休闲区"图像插入并设置热点。为"休闲区"全景图插入"视频热点"，选择图标样式为第 3 排第 1 个。调整视图角度和"标签热点"到合适位置，设置热点名称为"点击了解更多"，在"视频上传方式"的下拉列表框中选择"本地上传"选项，单击"选择视频"按钮 选择视频，打开"打开"对话框，在其中选择"企业宣传短视频 .mp4"（配套资源：效果\模块二\企业宣传短视频 .mp4），上传完成后单击"确认"按钮 确认，如图 2-80 所示。

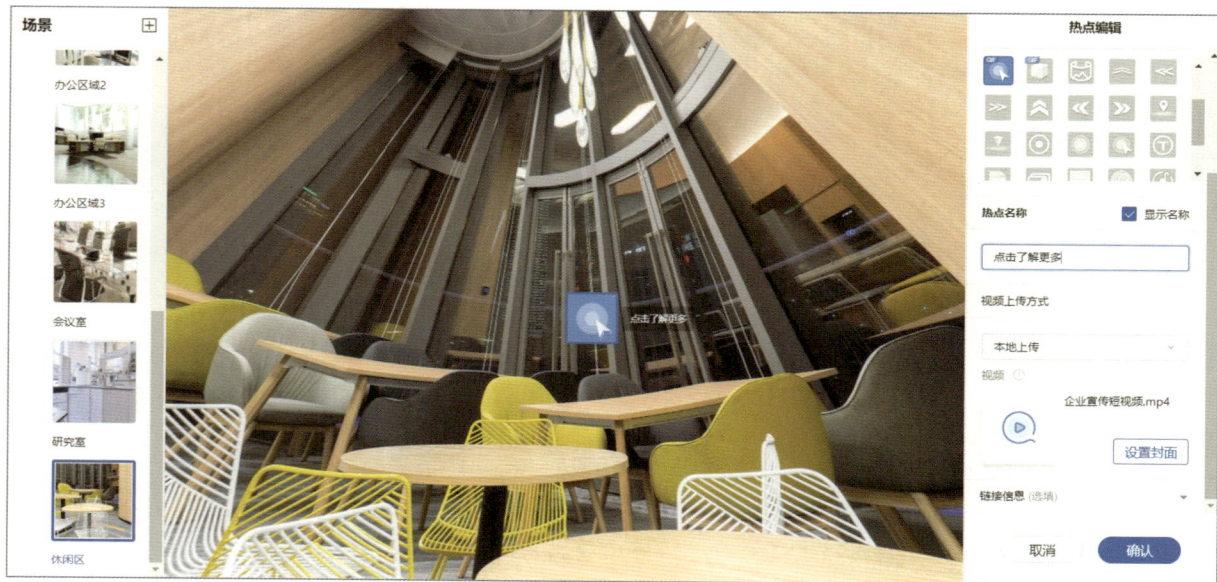

图 2-80　为"休闲区"图像插入并设置热点

3. 编辑漫游界面

漫游路径编辑完成后还需要编辑漫游界面，既为了使播放界面更加美观，也为了使用户在观看 VR 全景漫游作品时能够了解不同场景的主要信息。具体操作如下。

微课视频
编辑漫游界面

步骤 1　为"俯视图"设置滚动文字。在左侧"场景"导航区中选择"俯视图"全景图，在右侧功能操作区中选择"效果"选项卡，在"滚动文字"栏下方的文本框中输入文字"21 世纪，中国经济迅速发展，一个以'绿色、健康、科技、创新'为企业理念，旨在为用户提供健康的美食和愉悦的享受的创新型企业——食昧科技有限责任公司，进入了大众的视野。"如图 2-81 所示。

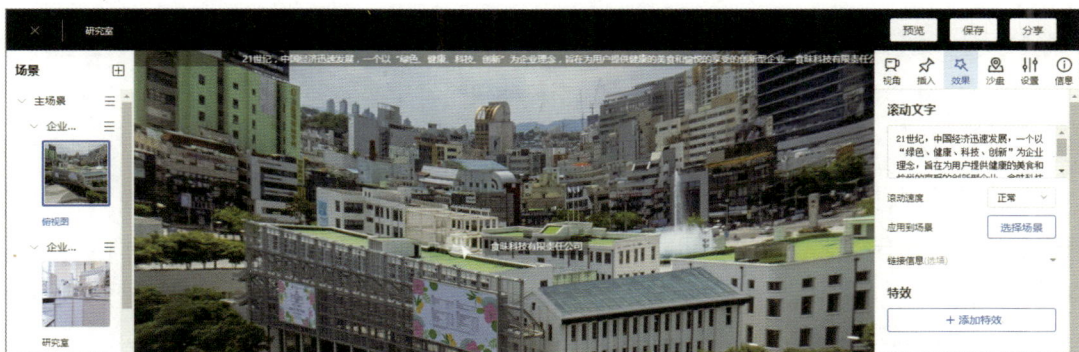

图 2-81　为"俯视图"设置滚动文字

步骤 2　为办公区图像设置滚动文字。在左侧"场景"导航区中选择"办公区域 1"全景图，使用同样的方法为"办公区域 1"全景图添加"滚动文字"效果，文字内容为"食昧科技有限责任公司致力于打造生活与工作平衡的健康状态，激发员工的办公热情，为公司员工提供了明亮宽敞的办公环境和标准化的办公设备"，在下方单击"选择场景"按钮 选择场景 ，打开"选择场景"对话框，在其中选择"办公区域 2""办公区域 3"全景图，单击"确认"按钮 确认 ，返回编辑界面，如图 2-82 所示。

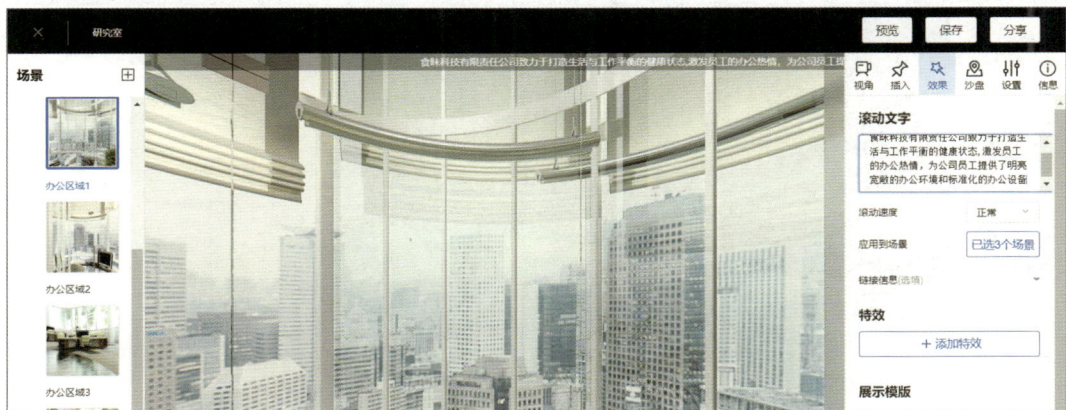

图 2-82　为办公区设置滚动文字

步骤 3　为"会议室"设置滚动文字。在左侧"场景"导航区中选择"会议室"全景图，使用同样的方法为其添加"滚动文字"效果，文字内容为"满足各类会议需求，适应会议召开模式的多样性，食味科技有限责任公司将会议室升级改造，展现了良好的企业形象"，如图 2-83 所示。

图 2-83　为"会议室"设置滚动文字

步骤 4　为"研究室"设置滚动文字。 在左侧"场景"导航区中选择"研究室"全景图，使用同样的方法为"研究室"全景图添加"滚动文字"效果，文字内容为"食味科技有限责任公司是集研发、加工和销售于一体的综合性企业，拥有雄厚的研发实力、先进的研发设备和专业的技术人员"。

步骤 5　为"休闲室"设置滚动文字。 在左侧"场景"导航区中选择"休闲室"全景图，使用同样的方法为"会议室"全景图添加"滚动文字"效果，文字内容为"食味科技有限责任公司还为员工准备了休闲室，露天阳台上充足的阳光营造出轻松、愉悦的环境，可以很好地缓解员工工作的紧张和疲劳"。

步骤 6　设置"下雪"特效。 在下方单击"添加特效"按钮 [+ 添加特效]，在打开的下拉列表中选择"下雪"特效；单击"效果频率"后的下拉列表，选择"小"选项；继续单击"选择场景"按钮 [选择场景]，打开"选择场景"对话框，在其中选择"企业内部"组中所有的全景图，单击"确认"按钮 [确认]，返回编辑界面；再次在右侧功能区单击"确认"按钮 [确认]。最终效果如图 2-84 所示。

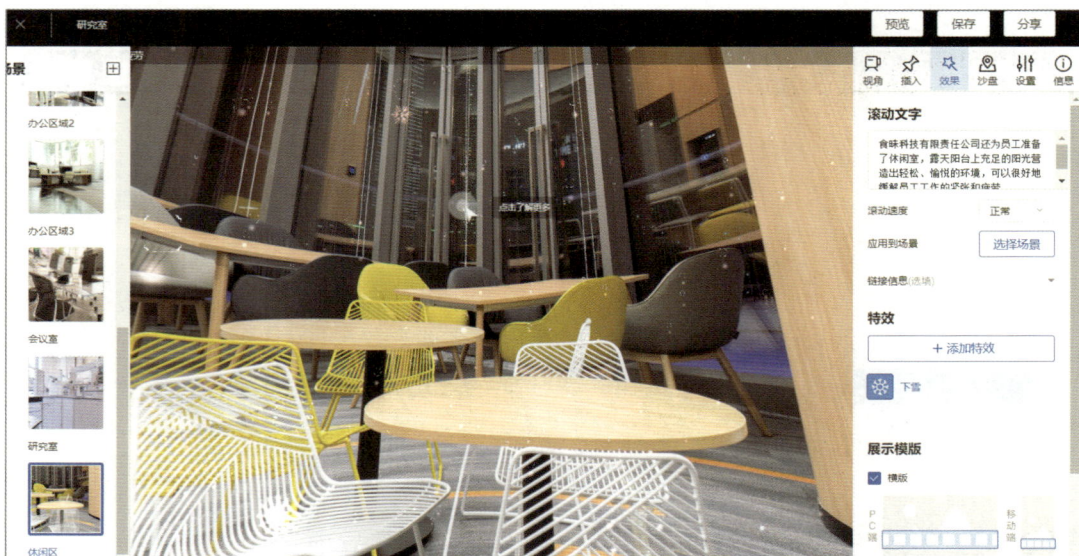

图 2-84　"下雪"特效效果

4. 预览和分享 VR 全景漫游作品

所有操作完成后，便可以预览 VR 漫游作品，并将最终的 VR 漫游作品分享给更多的人观看。具体操作如下。

微课视频

预览和分享
VR 全景漫游
作品

步骤 1　设置进场动画。在左侧"场景"导航区中选择"俯视图"全景图，在右侧功能操作区中单击"设置"选项卡，在"进场动画"栏下方的下拉列表框中选择"小行星巡游开场"选项，如图 2-85 所示。

图 2-85　设置进场动画

> **提示**　百度 VR 平台专业版账号还支持设置高级选项，包括设置功能开关、自定义按钮、开场封面和品牌展示等。功能开关可灵活控制桌面端和移动端的展示页功能，自定义按钮可为展示页添加 3 个按钮，支持超链接、文本、文章、图片、图文、视频等 6 种功能类型按钮。开场封面可以将本地图片作为桌面端和移动端的开场封面，如企业或品牌 Logo、活动宣传等。品牌展示可以设置作品品牌展示和二维码品牌展示。作品品牌展示主要放置在作品展示页。二维码品牌展示主要放置在作品分享二维码的中心处。

步骤 2　设置作品名称。在右侧功能操作区中选择"信息"选项卡，在"作品名称"栏下方的文本框中输入"食昧科技有限责任公司 VR 全景漫游"，如图 2-86 所示。

图 2-86　设置作品名称

步骤 3　设置封面图像。单击"封面图"栏下方的图片，打开"打开"对话框，在其中选择封面图像（配套资源：素材\模块二\封面.jpg），单击"打开"按钮 打开(O) 。

步骤 4　设置作品简介。在"简介"栏下方的文本框中输入"食昧科技有限责任公司处于快速发展阶段，正在招聘大量优秀人才，欢迎加入食昧 和食昧一起 探索健康美食！"。单击"分类"栏下方的下拉按钮，选择"商业"选项。

步骤 5　设置作品地址。 单击"地址"栏右侧的按钮 ≡，打开"添加地址"对话框，在其中选择企业地址后单击左下角的"选择应用场景"按钮 [选择应用场景]，打开"选择场景"对话框，在其中选中"全选"复选框，选择所有场景，单击"确认"按钮 [确认]，返回"添加地址"对话框，再次单击"确认"按钮 [确认]，返回编辑界面，如图 2-87 所示。

图 2-87　设置作品地址

步骤 6　预览最终效果。 在编辑界面右上角单击"预览"按钮 [预览]，预览作品最终的展示效果。

步骤 7　分享作品。 在编辑界面右上角单击"分享"按钮 [分享]，打开"分享"对话框，将自动生成二维码和作品链接，可将其分享给他人，也可直接分享到 QQ、微博等。单击"完成"，完成本次操作，如图 2-88 所示。

图 2-88　分享作品

课后思考

班级：_____　　　姓名：_____　　　成绩：_____

思考题 1：

　　除了本模块所讲解的数字媒体作品外，你还知道哪些较为常见的数字媒体作品，请与同学们相互交流、讨论，并列出一些例子。

_____

_____

_____

_____

_____

思考题 2：

　　请在互联网中搜索一些优秀的数字媒体作品，并列举这些作品有什么样的共同点，从而提高自身的设计水平。

_____

_____

_____

_____

_____

思考题 3：

　　元宇宙（Metaverse）一词，诞生于 1992 年的科幻小说《雪崩》。小说描绘了一个庞大的虚拟现实世界，在那里，人们可以控制自己的数字化身。现在看来，该小说描述了一个超前的未来世界。请与同学们探讨元宇宙的发展趋势，以及将对我们的学习、工作和生活带来怎样的改变。

_____

_____

_____

_____

⚙ 拓展训练　产品宣传短视频制作竞赛

1. 训练任务

要求：我国已成为 140 多个国家和地区的主要贸易伙伴，越来越多的国产品牌产品走出国门。中国企业走全球化发展道路，将推动所在行业的发展进步，进而为中国经济转型升级和高质量发展提供助力，更好地服务"双循环"新发展格局。现要求为任意一款国产产品制作宣传短视频进行产品推广。制作前可先在互联网上收集用于宣传的产品素材，如产品图片、文字资料、相关评价等；然后将收集的素材进行整理与加工，制作出符合要求的数字媒体作品。

2. 训练安排

要求：各小组可任意选择一款国产产品作为本小组的训练任务，作品制作完成后，需要每组派小组代表对本组的作品进行讲解。小组分组可由学生自己组织，并按实际情况填写以下内容。

小组人数：_____人

小组组长：_____

小组成员：_____

工作分配：_____

_____

_____

3. 训练评价

序号	评分内容	总分	得分
1	作品主题是否明确	20	
2	数字媒体作品脚本的内容是否合理	20	
3	短视频的转场和特效是否美观	20	
4	作品中产品的字幕是否与实物相符	20	
5	短视频的片头和片尾是否具有吸引力	20	
	总分	100	

教师评语：